职业教育·专业基础课教材

电工技术基础与技能

王 彭 主 编
周春华 王亚妮 齐爱勇 高合水 副主编
武永红 主 审

人民交通出版社
北京

内 容 提 要

本书为职业教育专业基础课教材、新形态活页式教材。本书贴近生产实际、图文并茂、通俗易懂，符合职业院校学生的认知特点。全书共5个项目，主要内容有电工安全教育、直流电路基础知识、万用表基础知识、家居照明电路安装与测量、三相异步电动机电路基础知识。

本书可作为职业院校电气类及相关专业的专业基础课教材，也可作为工程技术人员的参考用书。

本书配套助学助教资源，有需求的教师可通过加入职业教育教学研讨群（QQ群：129327355或211163250）获取。

图书在版编目(CIP)数据

电工技术基础与技能/王彭主编. —北京：人民交通出版社股份有限公司，2024.11
ISBN 978-7-114-18342-3

Ⅰ.①电… Ⅱ.①王… Ⅲ.①电工技术—职业教育—教材 Ⅳ.①TM

中国版本图书馆 CIP 数据核字(2022)第 215476 号

职业教育·专业基础课教材
Diangong Jishu Jichu yu Jineng

书　　名：	电工技术基础与技能
著 作 者：	王　彭
责任编辑：	钱　堃
责任校对：	赵媛媛
责任印制：	刘高彤
出版发行：	人民交通出版社
地　　址：	(100011)北京市朝阳区安定门外外馆斜街3号
网　　址：	http://www.ccpcl.com.cn
销售电话：	(010)85285911
总 经 销：	人民交通出版社发行部
经　　销：	各地新华书店
印　　刷：	北京市密东印刷有限公司
开　　本：	880×1230　1/16
印　　张：	13
字　　数：	342千
版　　次：	2024年11月　第1版
印　　次：	2024年11月　第1次印刷
书　　号：	ISBN 978-7-114-18342-3
定　　价：	49.00元

(有印刷、装订质量问题的图书，由本社负责调换)

前言

本教材在编写过程中重视项目的选取和任务的确定。"电工技术基础与技能"作为专业基础课,是专业核心课前置课程。编写人员在编写教材过程中,考虑了该课程的特色,重视技能的实用性,针对职业院校学生的认知特点,精心设计了具体化、简单化的学习任务。

本教材的编写思路与特色如下:

1. 贯彻职教理念,紧跟行业发展

本教材坚持以立德树人为根本任务,坚持育人导向。教材及时纳入新技术、新标准等新内容,紧跟行业发展。

2. 突出项目教学,落实任务引领

每个项目分若干任务,每个任务又分任务描述、任务目标、知识储备、任务实施、学习评价等,让学生在做中学、学中做,培养和激发其学习兴趣。采用多种评价机制,将过程性评价和结果性评价相结合,通过多种方法检验学生的专业技能水平。

3. 融入思政元素,坚持立德树人

教材通过任务实施等环节,渗透思政元素,让学生在潜移默化中接受课程思政带来的思想力量,达到育人润物无声的效果。

4. 岗课赛证融通

依据典型工作过程,将低压电工作业安全理论知识及实操技能、新标准、新规范等融入教材内容,满足行业人才培养要求。

5. 立体化、活页式设计

教材配套丰富数字资源,方便线上线下混合式教学,可促进任务驱动教学模式的开展,便于教材内容更新迭代。教材采用活页式设计,方便"学材"的内容整理和灵活使用,方便"教材"的内容组合与动态更新。

本教材由北京铁路电气化学校供用电技术专业科的教师编写。具体编写分工:高合水编写项目1;齐爱勇编写项目2;王彭编写项目3,同时负责全书统稿和修改润色工作;周春华编写项目4;王亚妮编写项目5。本教材主编为王彭,副主编为周春华、王亚妮、齐爱勇、高合水,主审为武永红。

由于编者水平有限,教材内容难免存在不足之处,敬请读者批评指正。

编 者
2024 年 2 月

电工技术基础与技能

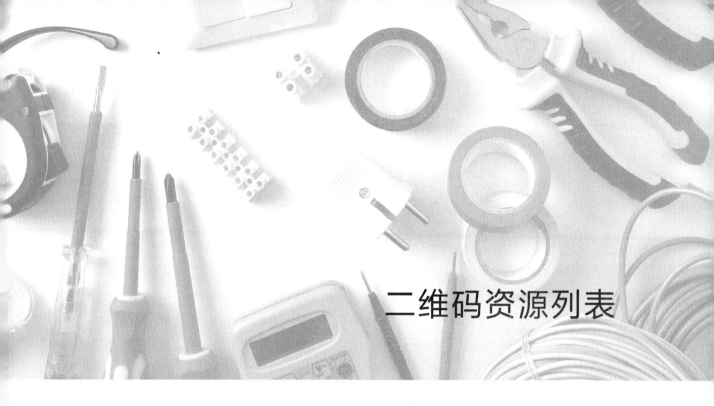

二维码资源列表

序号	名称	二维码图片	知识点位置	序号	名称	二维码图片	知识点位置
1	单相触电		项目1	9	断路电路		项目2
2	两相触电		项目1	10	电压		项目2
3	跨步电压触电		项目1	11	基尔霍夫电压定律		项目2
4	电流对人体的伤害——电击和电磁场伤害		项目1	12	基尔霍夫电流定律		项目2
5	触电急救方式		项目1	13	万用表		项目3
6	心肺复苏的流程		项目1	14	指针式万用表		项目3
7	电气火灾防护		项目1	15	数字式万用表		项目3
8	电路的三种工作状态		项目2	16	数字式万用表基本使用方法		项目3

续上表

序号	名称	二维码图片	知识点位置	序号	名称	二维码图片	知识点位置
17	电压的测量		项目3	25	三相电源的三角形连接		项目5
18	家居照明电路-1		项目4	26	三相电源的星形连接		项目5
19	家居照明电路-2		项目4	27	电源星形和三角形的连接示意图		项目5
20	简单照明线路安装		项目4	28	相电压和线电压测量		项目5
21	照明电路安装讲解		项目4	29	三相动力配电盘		项目5
22	荧光灯电路接线		项目4	30	三相异步电动机		项目5
23	三相交流发电机原理		项目5	31	三相不对称电路		项目5
24	三相电源的连接		项目5	32	三相电路中的电压		项目5

低压电工证考核知识点在教材中的融入

本教材结合低压电工考证,将低压电工作业人员安全理论知识及实操技能有机融入教材。任课教师可根据下表内容,因材施教。

序号	低压电工作业人员安全技术培训大纲和考核标准要求			教材对应知识点
	6.2.1 安全基础知识			
1	6.2.1.2 触电事故及现场救护		1)了解电气事故种类、危险性和电气安全的特点	触电与触电形式
			2)掌握电伤害的原因和触电事故发生的规律	触电原因及防止触电的保护措施
			3)熟练掌握人身触电的急救方法	触电急救
2	6.2.1.4 电气防火与防爆		1)了解电气火灾发生原因	电气火灾
			2)掌握电气防火防爆预防措施	电气火灾的预防
			3)熟练掌握电气火灾的灭火原理及扑救方法	电气火灾的扑救
	6.2.2 安全技术基础知识			
3	6.2.2.1 电工基础知识		1)了解电路基础知识	电路的组成及作用
				电路的三种状态
				电流
				电压
				部分电路欧姆定律
				电能、电功率
				电动势
				全电路欧姆定律
				电阻
				电阻串联电路
			2)了解交流电的基本物理量基本知识	电阻并联电路
				正弦交流电
				纯电阻电路
				纯电感电路
				纯电容电路
				RL 串联电路
				RLC 串联电路

续上表

序号	低压电工作业人员安全技术培训大纲和考核标准要求		教材对应知识点
	6.2.2 安全技术基础知识		
3	6.2.2.1 电工基础知识	3）了解三相交流电路的基本知识	三相电源的连接
			三相负载的连接
			三相交流电路的功率
		4）掌握常用电路图形符号	电路模型
4	6.2.2.2 电工仪表及测量	1）了解电工仪表分类、工作原理及使用要求	电工仪表及其表面标记
		2）了解电压表、电流表、钳形电流表、兆欧表、接地电阻测试仪、电能表、直流单臂电桥、指针式万用表、数字式万用表等电工仪表的结构与工作原理	常用电工仪表
		3）掌握常用电路物理量的测量方法	常用电工仪表
5	6.2.2.4 电工工具及移动电气设备	掌握电工钳、电工刀、各种螺丝刀、电烙铁等常用电工工具的规格及应用范围	电工常用工具
	6.2.3 安全技术专业知识		
6	6.2.3.2 异步电动机	了解异步电动机的结构与工作原理	三相异步电动机简介
7	6.2.3.4 照明设备	1）了解照明设备的种类	家居照明的符号
		2）掌握照明装置的安装方法	家居照明设备
8	6.2.3.5 电力电容器	了解并联电力电容器的作用	荧光灯电路功率因数的提高
	6.2.4 实操技能		
9	6.2.4.1 低压电器设备安装与调试操作	掌握各种电工钳、电工刀、各种螺丝旋具、典型手持电动工具及移动电器的使用	电工常用工具
10	6.2.4.2 低压配电及电气照明安装操作	1）掌握各种类型的导线连接操作，并能够正确选择导线类型、颜色及截面	TN-S 系统
		2）掌握常用灯具的接线、安装和拆卸	荧光灯工作原理
		3）熟练掌握漏电保护装置的安装与参数调整	低压断路器
		4）熟练掌握电能表的安装接线	单相电能表及接线
11	6.2.4.4 电工测量操作	熟练掌握电压、电流、电阻等参数的测试方法	电压测量
			电流测量
			电阻参数测量
12	6.2.4.5 防火防雷设备使用操作	熟练掌握灭火器材的选择和使用	灭火器及使用方法
13	6.2.4.7 触电急救操作	1）掌握使低压触电者正确脱离电源的方法	解救触电者脱离低压电源的方法
		2）掌握触电者脱离电源后的抢救方法	现场救护
		3）熟练掌握心肺复苏触电急救操作方法	心肺复苏法

目录

二维码资源列表 ·· I

低压电工证考核知识点在教材中的融入 ································· Ⅲ

项目 1　电工安全教育 ··· 1
　　任务 1.1　电工实训室认知 ··· 3
　　任务 1.2　触电现场处理与急救 ·· 15
　　任务 1.3　电气火灾防范与扑救 ·· 21

项目 2　直流电路基础知识 ·· 27
　　任务 2.1　电路连接基础知识认知 ····································· 29
　　任务 2.2　电路分析与测量基础知识认知 ························· 35
　　任务 2.3　电阻、电阻串并联电路与基尔霍夫电压、电流定律认知 ········ 45

项目 3　万用表基础知识 ·· 61
　　任务 3.1　万用表结构与技术参数识读 ····························· 63
　　任务 3.2　元器件识别与检测 ·· 71
　　任务 3.3　万用表原理电路图识读与分析 ························· 77
　　任务 3.4　万用表组装与调试 ·· 87

项目 4　家居照明电路安装与测量 ································ 97
　　任务 4.1　家居照明电路设计 ·· 99
　　任务 4.2　单相照明电路电源认知 ··································· 105
　　任务 4.3　白炽灯电路安装与测量 ··································· 117
　　任务 4.4　荧光灯电路安装与测量 ··································· 125
　　任务 4.5　照明电路功率与电能测量 ······························· 137
　　任务 4.6　荧光灯电路功率因数测量与提高 ··················· 157

项目 5　三相异步电动机电路基础知识 …………………………………… 165

任务 5.1　三相异步电动机电路连接与检测 …………………………… 167
任务 5.2　三相电路功率与电能测量 …………………………………… 183
任务 5.3　不对称三相电路认知 ………………………………………… 191

参考文献 …………………………………………………………………… 198

项目 1 电工安全教育

项目引入

当你初次进入电工实训室的时候,看到实训室里各式各样的设施设备,可能会眼花缭乱,想知道各个设备应该怎样使用,想亲手操作试试。要想正确操作设备完成各个实验,首先必须了解实训室电源的配置情况,以及常用电工工具和仪表的用途及使用方法,最重要的是要遵守操作规程,做到"安全第一,预防为主"。

本项目引导学习者从以下几个方面学习电工安全相关知识:①实训室电源的选择及使用方法;②常用电工仪表、电工工具的使用方法;③触电现场的处理与急救(借助高级心肺复苏模拟人进行触电急救操作);④电气火灾的防范与扑救(借助干粉灭火器进行电气火灾的模拟扑救操作)。

项目目标

1. 了解实训室电源的配置。
2. 能正确找出直流电源的正、负极。
3. 能使用直流稳压电源调出正确的输出电压值。
4. 能正确区分交流电源的中性线和相线,正确测量三相电路的相电压和线电压。
5. 理解电工仪表各表面标记的含义,能正确选择、使用电工仪表。
6. 熟悉各常用电工工具的使用方法,正确使用工具。
7. 了解安全用电常识。
8. 掌握触电急救的基本步骤。
9. 了解电气火灾的防范和扑救常识。
10. 学会正确进行人工呼吸和胸外心脏按压法。
11. 学会根据现场情况采取触电急救方法。
12. 学会选择和使用灭火器扑救电气火灾。
13. 具备自主学习能力、实际操作能力、交流沟通能力。
14. 提升职业素养和规范操作意识。
15. 树立"安全第一,预防为主"的理念。

电工技术基础与技能

班级_____ 姓名_____ 学号_____ 日期_____

任务1.1 电工实训室认知

1.1.1 任务描述

本任务引导学习者认识和测量实训室中的电源,识别与使用常用电工仪表和工具;通过观察与测量实训室中的电源,分辨实训室中的电源哪些是直流电源,哪些是交流电源;通过观察仪表的表面标记,识读相关技术参数,选择适合的仪表,并正确使用;根据不同的场合和目的,选择正确的电工工具,并正确操作。

1.1.2 任务目标

▶ 知识目标

1. 熟悉电工实训室规则、电工实验实训须知。
2. 了解实训室电源配置情况、常用电工工具和电工仪器仪表的用途。
3. 了解电工指示仪表的分类,理解其表面标记的含义。

▶ 能力目标

1. 认真遵守电工实训室规则,领会实验实训须知。
2. 能识别常用电工工具和电工仪器仪表。
3. 能识读仪表的表面标记。

▶ 素质目标

1. 培养职业素养和规范操作的意识。
2. 培养5S(整理、整顿、清扫、清洁、素养)意识。

1.1.3 学习场地、设备与材料、课时数建议

学习场地

多媒体教室及实训室。

设备与材料

主要设备与材料如表1-1所示。

主要设备与材料　　　　　　　　　　　表1-1

示意图						
名称	干电池	双路直流稳压电源	数字式直流稳压电源	单相调压器	实训台上的单相调压器	实训台上的单相插座
示意图						
名称	指针式电压表	数字式钳形电流表	指针式电流表	指针式万用表	低$\cos\varphi$功率表	机械式电能表

课时数

2 课时。

1.1.4 知识储备

一、电工实训室规则

(1) 进入实训室的一切人员,必须严格遵守实训室的各项规章制度。

(2) 在实训室进行实验实训,必须按照教学和计划任务书的要求,经实训室统一安排后方可进行。

(3) 一切无关人员,不得随意进入实训室动用实训室仪器仪表和设备工具。

(4) 实验实训期间,使用仪器仪表和设备工具,要严格遵守操作规程。

(5) 实验实训期间,如仪器仪表和设备工具发生故障或意外,应立即停止实验或实训,并及时报告任课教师或实训指导教师,以便采用必要的处理措施。

(6) 实训室内禁止随地吐痰,应保持整洁美观。离开实训室前,应打扫工作场地,交接仪器,经实训室工作人员同意后方可离开。

二、电工实验实训须知

(1) 遵守纪律,不迟到、不早退、不无故缺席,服装整洁。

(2) 每次上课带齐书、笔记本和笔。不准将与课程无关的物品带进实训室。

(3) 实训室内应保持安静、整洁,不得大声喧哗和打闹,不吃零食,不准吸烟、随地吐痰、乱丢纸屑和杂物。

(4) 实验实训前,认真预习实训指导书及有关理论知识,做好相关准备。

(5) 实验实训前,认真听取任课教师讲解实验实训原理及有关仪器仪表、设备工具的使用方法和注意事项。

(6) 实验实训时,必须注意人身安全,并做到节约用电。

(7) 实验实训时,必须严格遵守仪器设备的操作规程,服从任课教师和实训指导教师的指导,严肃认真,仔细观察和记录实验数据。

(8) 接线时,禁止带电操作。线路接好后需经教师检查,接线正确后再接通电源;擅自通电者,后果自负。

(9) 对于操作过程中不慎损坏实训用具及设施的,应按规定酌情赔偿;对于恶意或故意损坏实训用具及设施的,应加倍赔偿并按学校规定给予纪律处分。

(10) 发现异常现象(声响、发热、焦臭等)时应立即断开电源,不要惊慌,保持现场,并及时报告教师,待查明原因或排除故障后,方可继续实训。若造成仪器设备损坏,须如实填写事故报告单。

(11) 爱护仪器仪表和工具设备。实验实训中仪器仪表或工具设备若发生故障或出现异常,应及时报告教师处理,不准擅自摆弄。不准将仪器仪表、工具设备等带出实训室外;搬动仪器仪表和工具设备,必须轻拿轻放,并保持其表面清洁。

(12) 非本次实验实训使用的仪器仪表和工具设备,未经教师允许不得动用。

(13) 实验实训完毕后,需经教师检查数据正确后再拆线。拆线时,必须先断开电源再拆线,禁止带电拆线,否则后果自负。

(14) 拆线后,整理导线并清理实训台及周围环境;将仪器仪表、工具设备等复位;填好实验实训记录,经教师签字后方可离开。

三、实训室的电源配置

(一) 直流电源

(1) 干电池:一节干电池可输出理论值为 1.5V 的直流电压。如图 1-1a) 所示,中间端子为"+"极,外侧端子为"-"极;可串联构成电池组。

(2) 直流稳压电源:将工频 220V 交流电转换为直流电输出。图 1-1b) 是一个双路直流稳压电源,其输出电压范围是 0~32V,输出电流范围是 0~2A。图 1-1c) 是数字式直流稳压电源。

(二) 交流电源

1. 单相交流电源

(1) 由单相调压器提供。如图 1-2a)、b) 所示,其输入电压为 220V;输出电压在 0~250V 范围内可调,从接线柱上引出。

(2) 由单相两极插座或单相三极插座提供。如图 1-2c) 所示,其输出电压为 220V,从插座引出,其中单相三极插座带保护接地。

a) 干电池　　b) 双路直流稳压电源　　c) 数字式直流稳压电源　　　a) 单相调压器　　b) 实训台上的单相调压器　　c) 实训台上的单相插座

图1-1　电工实训室的直流电源　　　　　　　　　　图1-2　电工实训室的单相交流电源

2. 三相交流电源

(1) 由三相四线制电源提供。如图1-3a) 所示，其输出电压为220V，线电压为380V，从接线柱上引出。

(2) 由三相四极插座提供。如图1-3b) 所示，其输出线电压为380V，从插座引出。

a) 三相四线制电源　　b) 三相四极插座

图1-3　电工实训室的三相交流电源

四、电工仪表及其表面标记

(一) 电工仪表的分类

电工仪表的种类繁多，其分类方法各异，大体可以分为以下几类：

(1) 按仪表的工作原理分类，主要有磁电式、电磁式、电动式、感应式、整流式、静电式、热电式、电子式等。

(2) 按测量对象的种类分类，主要有电流表、电压表、电功率表、电能表、相位表、频率表、欧姆表、万用表等。

(3) 按使用方式分类，主要有安装式和便携式。前者安装于开关板或仪器的外壳上，准确度较低，但过载能力强，价格低廉；后者便于携带，常在实验室使用，这种仪表过载能力较差，价格较贵。

(4) 按防御外界磁场(或电场)的能力分类，有Ⅰ、Ⅱ、Ⅲ、Ⅳ四个等级。各等级在规定条件下所引起的附加误差应不超过表1-2中所列的数值。由表1-2可见，Ⅰ级的防御能力最强，以下依次减弱。0.1级、0.2级、0.5级仪表防御外界磁场(或电场)的能力应不低于Ⅱ级。

仪表防御外界磁场(或电场)的能力　　　　表1-2

仪表对外界磁场(或电场)的防御等级	允许附加误差
Ⅰ	±0.5%
Ⅱ	±1.0%
Ⅲ	±2.5%
Ⅳ	±5.0%

(5) 按使用条件分类，主要根据仪表使用的周围环境温度、湿度分为A、B、C三组。A组仪表在周围环境温度为0~40℃、相对湿度不超过85%的条件下工作；B组仪表在周围环境温度为-20~50℃、相对湿度不超过85%的条件下工作；C组仪表在周围环境温度为-40~60℃、相对湿度不超过98%的条件下工作。A、B组仪表用于室内，C组仪表可用于室外。

(6) 按工作位置分类。仪表的工作位置可分为水平、垂直或规定倾斜角度等，如不按仪表规定的位置使用，将引起仪表的附加误差。使用仪表时，必须观察其表面的各种标记，以确定该仪表是否符合测量的需要。

(7) 按仪表的准确度等级分类，共有0.1、0.2、0.5、1.0、1.5、2.5、5.0七个等级。数值越小，表示仪表的准确度等级越高，误差越小，价格越昂贵。

(二)电工仪表的型号含义

1. 安装式指示仪表的型号含义。

安装式指示仪表的型号含义如图1-4所示。

用途号:A表示测电流;V表示测电压。

系列代号:C表示磁电式;D表示电动式;T表示电磁式;G表示感应式。

例如,42C3—A表示磁电式电流表。

2. 携带式指示仪表的型号含义

携带式指示仪表的型号含义如图1-5所示。

用途号和系列代号的含义同安装式指示仪表。

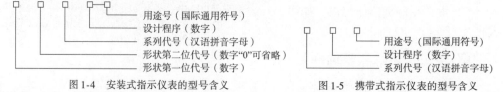

图1-4 安装式指示仪表的型号含义　　　图1-5 携带式指示仪表的型号含义

(三)常用电工仪表

1. 电流表

用途:测量导线中的电流。图1-6a)是指针式电流表,测量时应与被测电路串联;图1-6b)是数字式钳形电流表,用在不断开线路而需要测量电流的场合。

2. 电压表

用途:测量电路中任意两点间的电压。图1-7是指针式电压表,测量时应与被测电路并联。

3. 万用表

万用表是一种多用途、多量限、使用方便的仪表,一般可以测量交流电压、直流电压、直流电流和直流电阻。有的万用表还可以测量交流电流、电容、电感以及晶体管参数等。图1-8a)是指针式MF-47型万用表,图1-8b)是数字式万用表。

4. 单相有功功率表

用途:测量交流电路的有功功率,如图1-9所示。

5. 单相电能表

用途:计量用电设备所消耗的电能,其计量单位是kW·h,如图1-10所示。

6. 兆欧表

兆欧表俗称摇表,是专门用来检测电气设备或供电线路绝缘电阻的便携式仪表,在电气安装、检修和试验中得到了广泛应用。它的计量单位是兆欧(MΩ)。

兆欧表的种类很多,但其作用原理基本相同。常用的ZC系列兆欧表的外观如图1-11a)所示,图1-11b)是数字式兆欧表。

7. 接地电阻测量仪

接地电阻测量仪俗称接地摇表,是专门用于直接测量接地电阻的便携式仪表。ZC-8型接地电阻测量仪如图1-12所示。

8. 直流单臂电桥

直流单臂电桥又称惠斯通电桥。由于用万用表的欧姆挡测量中值电阻误差较大,工程上广泛使用直流单臂电桥来测量1Ω~1MΩ的中值电阻。图1-13是QJ23型直流单臂电桥。

9. 直流双臂电桥

直流双臂电桥又称凯尔文电桥,可以消除接线电阻和接触电阻的影响,是一种专门用来测量小电阻(如1Ω以下)的电桥。图1-14是QJ44型直流双臂电桥。

a) 指针式电流表　　b) 数字式钳形电流表　　　　　　　　　　　　　　　a) 指针式MF-47型万用表　　b) 数字式万用表

图1-6　电流表　　　　　图1-7　指针式电压表　　　　　　图1-8　万用表

a) 普通功率表　　b) 低cosφ功率表　　a) 机械式电能表　　b) 电子式电能表　　c) 电子插卡式电能表

图1-9　单相有功功率表　　　　　　　图1-10　单相电能表

a) ZC-25型兆欧表　　b) 数字式兆欧表

图1-11　兆欧表　　　　图1-12　ZC-8型接地电阻测量仪　　图1-13　QJ23型直流单臂电桥

(四) 电工仪表的表面标记

为了便于正确地选择和使用仪表,仪表的类型、测量对象、电流种类、准确度等级、放置方法、对外界磁场(或电场)的防御能力等,均以符号形式标明在仪表的表盘上,使用仪表时,必须首先观察仪表表面的各种标记,以确定该仪表是否符合测量的需要。常用电工仪表表面标记如表1-3所示。

图1-14　QJ44型直流双臂电桥

常用电工仪表表面标记　　　　表1-3

分类	符号	名称	分类	符号	名称
电流种类	───	直流	工作原理	⌒	磁电式仪表
	∽	交流		⚡	电磁式仪表
	≂	交直流		⊕	电动式仪表
	≋	三相交流		⊗	磁电式比率表
工作位置	⊓	标度尺位置水平		⊕	铁磁电动式仪表
	⊥	标度尺位置垂直		⊢	整流式仪表
	∠60°	标度尺位置60°	端钮	+	正极
准确度等级	1.5	以标度尺量限的百分数表示,如1.5级		−	负极
工作原理	(1.5)	以指示值的百分数表示,如1.5级		*	公共端

续上表

分类	符号	名称	分类	符号	名称
绝缘强度	 ☆0	不需要进行绝缘强度试验	外界条件	Ⅲ Ⅲ	Ⅲ级防外磁场及电场
	 ☆	绝缘强度试验电压为500V		Ⅳ Ⅳ	Ⅳ级防外磁场及电场
	 ☆2	绝缘强度试验电压为2kV		不标注	A组仪表(工作环境温度为0~40℃)
外界条件	 ⌂	Ⅰ级防外磁场(如磁电式)		B	B组仪表(工作环境温度为-20~50℃)
	 ⌂	Ⅰ级防外电场(如静电式)		C	C组仪表(工作环境温度为-40~60℃)
	Ⅱ Ⅱ	Ⅱ级防外磁场及电场			

五、电工常用工具

电工常用工具是指一般专业电工都要使用的工具,如表1-4所示。

电工常用工具　　　　　　　　表1-4

工具名称	用途	示意图
低压验电器	低压验电器又称电笔,是用来测定物体是否带电的一种电工常用工具,其测电范围为60~500V	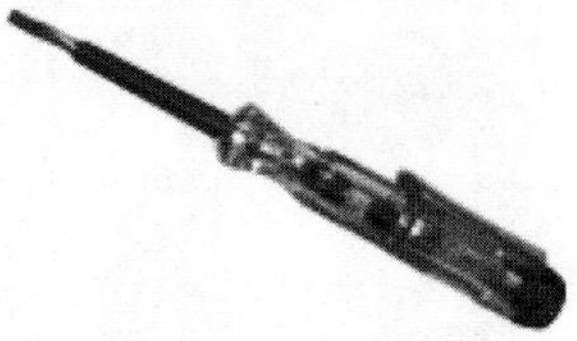
螺钉旋具	螺钉旋具又称旋凿或起子,是一种紧固、拆卸螺钉的工具,有一字和十字两种	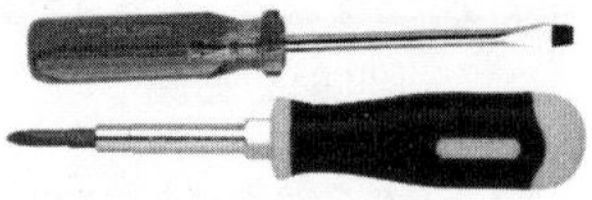
钢丝钳	钢丝钳又称克丝钳、老虎钳。①钳口:弯绞或钳夹导线线头;②齿口:紧固或卸松螺母;③刀口:剪切导线或剖削软导线绝缘层;④铡口:铡切电线线芯、钢丝或铁丝等较硬金属	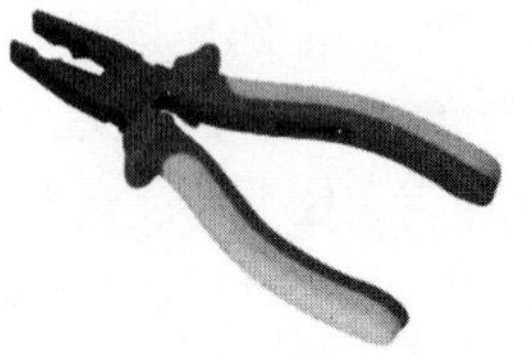
尖嘴钳	尖嘴钳的头部尖细,适用于在狭小的空间操作。①带有刀口的尖嘴钳能剪断细小金属丝;②尖嘴钳能夹持较小螺钉、垫圈、导线等元件;③在装接控制线路时,尖嘴钳能将单股导线弯成所需的各种形状	
断线钳	断线钳又称斜口钳,钳柄有铁柄、管柄和绝缘柄三种形式,其中电工用的绝缘柄断线钳,安全耐压值为1000V。断线钳专用于剪断较粗的金属丝、线材及电线电缆等	
剥线钳	剥线钳是剥除截面直径3mm及以下导线绝缘层的专用工具。它的手柄是绝缘的,安全耐压值为500V	

续上表

工具名称	用途	示意图
电工刀	电工刀用于剖削和切割电工器材	
活络扳手	活络扳手又称活扳手,是一种旋紧或拧松有角螺钉、螺栓或螺母的工具	
开口扳手	开口扳手又称呆扳手,是利用杠杆作用原理制成的用于螺纹连接的手动省力工具	双头开口扳手 两用扳手
绝缘夹钳	绝缘夹钳主要用来拆除和安装熔断器及其他类似工作	
电烙铁	电烙铁是一种手动焊接工具,用于加热焊接部位,熔化焊料,使焊料和被焊接金属连接起来	

笔记区

1.1.5 任务实施

技能训练 1-1　认识电工实训室

班级		姓名		日期	
同组人					

工作准备

▶ 谈一谈

日常生活中常用的电源有哪些?

▶ 认一认

1. 识读表 1-5 中的设备,将其名称填入表中。

实验室电源　　　　　　　　　　　　　　　表 1-5

示意图		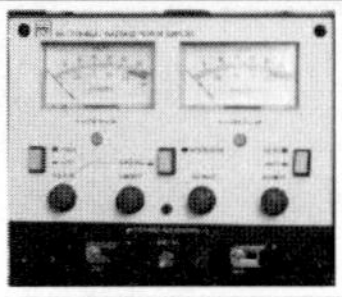	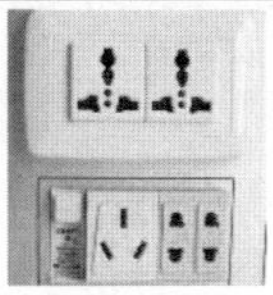	
名称				

2. 识读表 1-6 中的仪表,将其名称填入表中。

常用电工仪表　　　　　　　　　　　　　　表 1-6

示意图		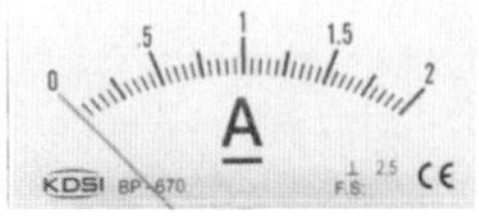		
名称				

3. 识读表 1-7 中的工具,将其名称填入表中。

常用电工工具　　　　　　　　　　　　　　表 1-7

示意图					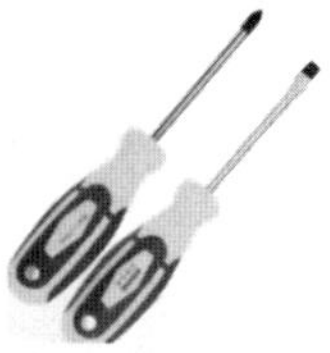
名称					
示意图					
名称					

▶ 写一写

1. 单相调压器的输出电压范围是_____。
2. 电工仪表的种类繁多,大体有以下几种分类方法:
   (1)_____;
   (2)_____;
   (3)_____;
   (4)_____;
   (5)_____;
   (6)_____;
   (7)_____。
3. 按仪表的工作原理分类,电工仪表主要有_____。(至少写出五种。)
4. 按测量对象的种类分类,电工仪表主要有_____。(至少写出五种。)

实施步骤

1. 标出图1-15中干电池的正、负极。
2. 调节直流稳压电源,使其输出电压为3V。
3. 标出图1-16中单相插座的极性。
4. 标出图1-17中三相四极插座的极性。

图1-15　干电池　　　图1-16　单相插座　　　图-17　三相四极插座

5. 识读图1-18和图1-19所示仪表的表面标记。
   (1)如图1-18所示,该表是用于测量电路的_____,工作原理属于_____式;绝缘强度试验电压为_____kV;可适用于_____(交流、直流、交直流)电路;使用时应_____放置;精度等级为_____。
   (2)如图1-19所示,该表是用于测量电路的_____,工作原理属于_____式;绝缘强度试验电压为_____kV;可适用于_____(交流、直流、交直流)电路;使用时应_____放置;精度等级为_____。

图1-18　功率表表盘　　　图1-19　电压表表盘

6. 完成以下内容。
   (1)测量电路电流时,电流表应与被测电路_____联;测量电路电压时,电压表应与被测电路_____联。
   (2)MF-47型万用表可以测量_____、_____、_____和直流电阻。
   (3)单相电能表用来计量用电设备所消耗的_____,其计量单位是_____。
   (4)兆欧表俗称_____,是专门用来检测电气设备或供电线路_____的便携式仪表。
   (5)直流单臂电桥的测量范围为_____;1Ω以下的小电阻应使用_____来测量。

7. 认识常用电工工具并完成以下内容。

(1) 低压验电器测电范围为_____。

(2) 剥线钳是剥除截面直径_____ mm 及以下导线绝缘层的专用工具。它的手柄是绝缘的,安全耐压值为_____ V。

(3) 开口扳手又称呆扳手,是利用_____作用原理制成的用于螺纹连接的手动省力工具。

1.1.6 学习评价

任务 1.1 学习评价表如表 1-8 所示。

任务 1.1 学习评价表　　　　　　　　　表 1-8

序号	项目		评价要点	分值(分)	得分
1	认识实验室电源配置	直流电源	判断干电池正负极	6	
			调节直流稳压电源	6	
		单相交流电源	认识单相调压器	6	
			认识单相插座	6	
		三相交流电源	认识三相插座	6	
2	电工工具和仪表的识别与使用	表面标记	熟悉常用电工仪表的类型	5	
			正确识读表面标记	5	
		电工常用仪表	掌握仪表使用方法	5	
			理解使用注意事项	10	
		电工常用工具	掌握工具使用方法	5	
			理解使用注意事项	10	
3	安全、规范操作		操作安全、规范	10	
			表格填写工整	10	
4	5S 现场管理		工作台面整洁干净	5	
			工具仪表归位放置	5	
	总分			100	

低压电工证考试训练题

一、判断题(正确画√,错误画×)

1. 不使用万用表时,应将其波段开关置于直流电流最大挡位。(　　)

2. 测量电路的电压时,应将电压表串联在被测负载或电源电压的两端。(　　)

3. 测量交流时,也可使用磁电式、电动式等仪表。(　　)

4. 测量有较大电容电气设备的绝缘电阻时,读数并记录完毕后,应先拆开 L 端,后停止摇动,再进行放电。(　　)

5. 电工仪表按结构与用途的不同,主要分为指示仪表、比较仪表及数字仪表三类。(　　)

6. 兆欧表是用来测量绕组直流电阻的。(　　)

7. 用指针式万用表的电阻挡时,红表笔对应的是表内部电源的正极。(　　)

8. 选用仪表时,应考虑仪表的准确度及仪表的量程,这样才能保证测量结果的准确性。(　　)

9. 电能表的额定电流应不小于被测电路的最大负荷电流。(　　)

二、单选题

1. 测量额定电压500V以下的线路或设备的绝缘电阻,应采用工作电压为(　　)V的兆欧表。
   A. 50　　　　　　　B. 100　　　　　　　C. 500～1000　　　D. 2500

2. 测量绝缘电阻的仪表是(　　)。
   A. 兆欧表　　　　　B. 接地电阻测量仪　C. 单臂电桥　　　　D. 双臂电桥

3. 从工作机构上看,电能表属于(　　)式仪表。
   A. 电磁　　　　　　B. 磁电　　　　　　C. 感应　　　　　　D. 电动

4. 电工仪表共分(　　)个准确度等级。
   A. 4　　　　　　　 B. 5　　　　　　　 C. 6　　　　　　　 D. 7

5. 万用表不可以用来测量(　　)。
   A. 电阻　　　　　　B. 交流电压　　　　C. 电感　　　　　　D. 功率

6. 兆欧表手摇发电机输出的电压是(　　)。
   A. 交流电压　　　　B. 直流电压　　　　C. 高频电压　　　　D. 脉冲电压

7. 尚未转动兆欧表的摇柄时,水平放置完好的兆欧表的指针应当指在(　　)。
   A. 刻度盘最左端　　B. 刻度盘最右端　　C. 刻度盘正中央　　D. 随机位置

电工技术基础与技能

班级_____ 姓名_____ 学号_____ 日期_____

任务 1.2　触电现场处理与急救

1.2.1　任务描述

某地因风雨刮断了低压线,造成3人触电,其中2人停止呼吸,需要用心肺复苏法进行抢救。如果你在现场,你会怎么做呢？本任务引导学习者理解并掌握触电急救的步骤、使触电者脱离低压电源的方法、心肺复苏法等知识与技能。

1.2.2　任务目标

▶ 知识目标

1. 理解触电的含义及触电类型。
2. 理解并掌握使触电者脱离低压电源的方法。
3. 掌握触电急救的步骤。

▶ 能力目标

1. 能采取正确方法使触电者脱离低压电源。
2. 能正确采用人工呼吸和胸外心脏按压法进行救治。

▶ 素质目标

1. 具备自主学习能力、实际操作能力、交流沟通能力。
2. 培养职业素养和规范操作意识。
3. 树立"安全第一,预防为主"的理念。

1.2.3　学习场地、设备与材料、课时数建议

学习场地

多媒体教室及实训室。

设备与材料

主要设备与材料如表1-9所示。

主要设备与材料　　　　表1-9

示意图			
名称	高级心肺复苏模拟人	成绩单打印纸	高级电脑数码显示器

课时数

2课时。

1.2.4　知识储备

一、触电与触电形式

1. 触电

人体是导体,人体触及带电体时,有电流通过人体,这就是触电。触电是指电流流过人体时对人体产生的生理和病理伤害,可分为电击和电伤两种类型。

(1)电击是由于电流通过人体而造成的内部器官在生理上的反应和病变,如刺痛、灼热感、痉挛、昏迷、心室颤动或停跳、呼吸困难或停止等现象。

(2)电伤是由于电流的热效应、化学效应或机械效应对人体外表造成的局部伤害,常常与电击同时发生。最常见的电伤有电灼伤、电烙印和皮肤金属化三种。

2. 触电形式

按照人体触及带电体的方式和电流流过人体的途径,触电可分为低压触电和高压触电。其中,低压触电可分为单相触电和两相触电,高压触电可分为跨步电压触电和高压电弧触电。

(1)单相触电。当人体直接接触带电设备或线路的一相导体时,电流通过人体而发生的触电现象称为单相触电。

(2)两相触电。人体同时触及带电设备或线路的两相导体而发生的触电现象称为两相触电。由于在电流回路中只有人体电阻,所以两相触电非常危险。触电者即使穿着绝缘鞋或站在绝缘台上也起不到保护作用。

(3)跨步电压触电。由于外力(如雷电、大风等)的破坏等原因,电气设备、避雷针的接地点或者断落导线的着地点,有大量的扩散电流向大地流入,使周围地面上分布着不同电势。其中,断落导线的着地点电势最高,离着地点越远,电势越低。当人进入这个区域时,两脚跨步之间便形成较大的电势差,即跨步电压,由此引起的触电称为跨步电压触电。

跨步电压的大小受到接地电流大小、鞋和地面特征、两脚之间的跨距、两脚的方位以及离接地点的远近等诸多因素的影响。

(4)高压电弧触电。高压电弧触电是指人靠近高压线(高压带电体)造成弧光放电而触电。电压越高,对人身的危险性越大。干电池的电压为直流1.5V,对人不会造成伤害;家庭照明电路的电压是220V。高压输电线路的电压高达几万伏甚至几十万伏,即使不直接接触,也能致命。

二、触电原因及防止触电的保护措施

触电往往是由带电工作、设备接地不良、电气设备使用不当、跨步电压、电气火灾、临时线路、裸露带电导线等引起。防止触电的预防措施有:建立定期检查制度、采用保护接地和保护接零措施、使用安全电压、设备可靠接地、发生电气火灾时立即切断电源防止触电等。

三、触电急救

1. 触电急救的要点

触电急救的要点是抢救迅速和救护得法。采用拉、切、挑、拽、垫等方法使触电者脱离电源,争取时间,对触电者就地使用口对口人工呼吸法和胸外心脏按压法进行抢救,同时联系医疗部门,争取医护人员接续救治。

2. 解救触电者脱离低压电源的方法

(1)拉:发现有人触电,应根据事故现场情况尽快使触电者脱离电源。如果开关或插头就在附近,应立即拉下开关或拔去电源插头。

(2)切:若一时找不到断开电源的开关,应迅速用绝缘完好的钢丝钳或断线钳剪断电线,以切断电源。

(3)挑:对于由导线绝缘损坏引起的触电,急救人员可用绝缘工具或干燥木棒等将电线挑开。

(4)拽:①站在绝缘垫或干燥木板上(如木椅等),用一只手将触电者拖拽开。②戴上绝缘手套或用干燥的衣物等绝缘物包在手上,拖拽触电者或导线。③直接抓住触电者干燥而不贴身的衣服,使其脱离带电体。但要注意,此时不能碰到金属物体和触电者裸露的身躯。

(5)垫:如果触电者由于痉挛紧握导线,可先用绝缘物塞进触电者身下,使其与地绝缘,然后采取办法把电源切断。

3. 现场救护

触电者一旦脱离带电体,必须在现场迅速对症救治,切忌在无任何救治措施的情况下送往医院。

急救前的准备有:

(1)触电者如意识清醒,应使其平躺,严密观察。

(2)触电者如意识不清,应使其仰面躺平,且确保气道通畅,并用5s时间呼叫触电者或轻拍其肩部(但禁止摇晃头部),判定其是否丧失意识。

(3)触电者如丧失意识,应在10s内,用看、听、试的方法判定其呼吸、心跳情况。

①看:看触电者的胸部、腹部有无起伏动作。

②听:用耳朵贴近触电者的口鼻处,听有无呼吸气流声音。

③试:可使用纸条等测试口鼻有无呼吸气流,用两手指试颈动脉有无搏动。

(4)需要抢救的触电者,应立即实施正确救治,并联系医疗部门继续救治。触电者的呼吸与心跳均已停止时,如果没有其他致命外伤,可认为是假死,必须进行就地抢救。

4.抢救触电者生命的心肺复苏法

心肺复苏法是抢救呼吸、心搏骤停者生命的最基本方法。以下介绍该方法的三项基本措施,即胸外按压、气道开放、人工呼吸。

(1)胸外按压。

①按压位置:将右手食指和中指并拢,沿肋弓下缘上滑到肋弓和胸骨切肌处,把中指放在切肌处,将左手手掌根紧贴右手食指。

②按压姿势:两臂垂直,肘关节不屈,两手相叠,手指向前翘起并不触及胸壁,应用上身重力垂直下压,如图1-20所示。

③按压频率:至少100次/min。

④按压深度:至少5cm。

⑤按压次数:每吹两口气按压30次,进行5个循环,共150次。

(2)气道开放。

①松开触电者的衣扣、裤带。

②清除触电者口中异物,清除口鼻中的分泌物,摘掉活动的假牙套。

③采用仰头抬颌法通畅气道。使触电者平躺,抢救者一只手捏住鼻子,另一只手从其后颈或下巴将头托起往后仰70°~90°,形成气道开放,便于人工呼吸,如图1-21所示。

(3)人工呼吸。

一般采用口对口人工呼吸法(图1-22),当触电者牙关紧闭或口腔有严重损伤时可改用口对鼻人工呼吸,如图1-23所示。进行人工呼吸需要注意以下几点:

①在保持触电者呼吸道通畅和口部张开的情况下进行。

②用按于触电者前额一手的拇指与食指捏紧触电者的鼻翼下端,防止吹气时气体溢出。抢救者深吸一口气后张开口,贴紧触电者的口部并完全包住,用力向内吹气。

③一次吹气完毕后,应立即与触电者口部脱离,松开鼻孔,侧转头察看触电者胸部有无起伏,吸入新鲜空气,以便做下一次人工呼吸。连续有效吹气2次。

④成人5~6s吹气1次,儿童3~5s吹气1次,吹气量不要过大,吹气时要暂停按压胸部。

⑤胸外心脏按压必须同时配合人工呼吸,人工呼吸与胸外按压次数之比为2∶30。

 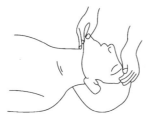  

图1-20 胸外心脏按压姿势　　图1-21 仰头抬颌法　　图1-22 口对口人工呼吸　　图1-23 口对鼻人工呼吸

笔记区

1.2.5　任务实施

技能训练1-2　触电现场的处理与急救

班级		姓名		日期	
同组人					

⚛ 工作准备

▶ 谈一谈

日常生活中哪些情况可能引起人体触电事故发生？举出实例。

▶ 写一写

1. 触电是指_____流过人体时对人体产生的生理和_____伤害,可分为_____和_____两种类型。

2. 按照人体触及带电体的方式和_____流过人体的途径,触电可分为低压触电和高压触电。其中,低压触电可分为_____触电和_____触电,高压触电可分为_____触电和_____触电。

▶ 记一记

1. 触电急救的要点是_____和_____。

2. 解救触电者脱离低压电源的方法有_____。

3. 触电急救前的准备。

(1) 触电者如意识清醒,应使其_____躺,严密观察。

(2) 触电者如意识不清,应使其_____面躺平,且确保_____通畅,并用5s时间呼叫触电者或轻拍其_____部,判定其是否丧失意识。

(3) 触电者如丧失意识,应在10s内,用看、_____、_____的方法判定其呼吸、心跳情况。

① 看:看触电者的_____部、_____部有无起伏动作。

② 听:用耳朵贴近触电者的_____处,听有无呼吸气流声音。

③ 试:可使用_____等测试口鼻有无吸气流,用两手指试_____动脉有无搏动。

(4) 需要抢救的触电者,应立即实施正确救治,并联系医疗部门_____救治。

触电者的呼吸与心跳均已停止时,如果没有其他致命外伤,可认为是_____死,必须进行就地抢救。

4. 心肺复苏法的三项基本措施,即:_____;_____;_____。

实施步骤

1. 使模拟人仰卧在复苏操作台(垫)上,另将电子控制器连接电源线,外接电源线再与人体进行连接,将电子控制器与220V电源接好,即完成连线。

2. 完成连线后,打开电子控制器后面的电源开关,此时控制器响起语音提示:"欢迎使用本公司产品,请选择工作方式。"

3. 选择好工作方式后,语音提示:"请选择工作时间。""训练"工作方式对时间无限制,可以按需练习。

4. 时间设定后,语音提示:"请按启动按钮。"这时操作时间以倒计时的方式开始计时,即可进行操作。

5. 胸外按压。首先找准胸部位置,然后双手交叉叠在一起,手臂垂直于模拟人胸部按压区,进行胸外按压。完成表1-10。

胸外按压次数统计　　　　　　　　　　　　　　　　　　　　表1-10

按压次数	正确按压次数	错误按压次数

6. 气道开放。使模拟人平躺,操作人一只手捏住模拟人的鼻子,另一只手从其后颈或下巴将头托起往后仰70°~90°,形成气道开放,正确吹气2次。

7. 在规定的时间内,连续进行正确胸外按压30次、正确人工呼吸2次(30∶2)的5个循环(包括步骤5和6在内的一个循环)。完成表1-11。

胸外按压、人工呼吸次数统计(5个循环)　　　　　　　　　　表1-11

胸外按压			人工呼吸		
按压次数	正确次数	错误次数	呼吸次数	正确次数	错误次数

8. 显示器上显示正确按压次数为150次、正确吹气次数为10次,即告单人操作按程序操作成功,语言提示:"急救成功",自动奏响音乐,模拟人颈动脉连续搏动,心脏自动发出跳动声音,瞳孔由原来的散大自动恢复正常,说明模拟人已被"救活",按"打印"键即可打印操作成绩单,进行成绩评定。

1.2.6　学习评价

任务1.2学习评价表如表1-12所示。

任务1.2学习评价表　　　　　　　　　　　　　　　　　　　　表1-12

序号	项目		评价要点	分值(分)	得分
1	准备工作	着装整齐	着工装或校服	5	
		学习用品齐全	学习手册、任务单、笔齐全	5	
		连线、工作方式选择	连线、工作方式选择正确	5	
2	胸外按压	按压位置、手法	按压位置准确,手法正确	10	
		操作规范	动作熟练、操作规范	10	
		按压深度、频率	按压深度、频率符合标准	5	
3	气道开放	清理口腔异物	清除口腔泌物、活动的假牙套	10	
		仰头抬颌法	仰头抬颌法动作规范	5	
4	人工呼吸	定位、手法	定位准确,手法正确	10	
		操作规范	动作熟练、操作规范	5	
		按压、吹气频率	吹气量、按压和吹气频率符合标准	10	
5	安全意识		安全操作、服从管理	10	
6	5S现场管理		仪器设备复位	5	
			清理工作环境	5	
总分				100	

低压电工证考试训练题

一、判断题（正确画√，错误画×）

1. 帮助触电者尽快脱离电源是救活触电者的首要因素。（　）
2. 电流通过人体内部，对人体伤害的严重程度与通过人体电流的大小、通过的持续时间、通过的途径、电流的种类以及人体状况等，无太大关系。（　）
3. 口对口（鼻）人工呼吸法：成人每5~6s吹气一次，每分钟10~12次（儿童每分钟12~20次），每次吹气时间1s。（　）
4. 胸外心脏按压法对成人应下压深度4~5cm，每分钟60~100次。（　）
5. 应当持续不断地施行人工呼吸的胸外心脏按压抢救；不可轻易中止抢救，运送医院途中原则上不能中止抢救。（　）
6. 胸外心脏按压法的正确按压点应当是心窝处。（　）
7. 摆脱电流是人能自主摆脱带电体的最大电流，人的工频摆脱电流约为1A。（　）

二、单选题

1. (　)是最危险的电流途径。
   A. 左手至脚　　B. 右手至脚　　C. 左手至右手　　D. 左手至胸部
2. 工频条件下，人的摆脱电流约为(　)。
   A. 1mA　　B. 10mA　　C. 100mA　　D. 10A
3. 人站在地上，手直接触及已经漏电的电动机金属外壳的电击是(　)电击。
   A. 间接接触　　B. 直接接触　　C. 感应电　　D. 两线
4. 施行口对口（鼻）人工呼吸时，每分钟进行(　)次。
   A. 1~2　　B. 3~5　　C. 10~12　　D. 60~80
5. 胸外心脏按压法的正确压点在(　)。
   A. 心窝左上方　　B. 心窝正中间　　C. 心窝右上方　　D. 心窝正下方
6. 从触电(　)min开始救治者，90%有效果。
   A. 1　　B. 5　　C. 10　　D. 20

班级_____ 姓名_____ 学号_____ 日期_____

任务 1.3　电气火灾防范与扑救

1.3.1　任务描述

某日 15 时许,某大学教学楼一间实验室因当事人在进行实验时中途离开,引发电气火灾。据了解,实验室房间内有 7 个"高温烧结炉",还有整整一面墙的各种化学原料,情况十分危急,必须立即组织人员进行扑救。如果你在现场,你会怎么做呢？本任务引导学习者了解电气火灾及其产生的原因、掌握电气火灾的扑救与预防等相关知识与技能。

1.3.2　任务目标

▶ 知识目标
1. 了解电气火灾及其产生的原因。
2. 理解并掌握电气火灾扑救时的注意事项。
3. 掌握灭火器的使用步骤和方法。
4. 了解电气火灾的预防措施。

▶ 能力目标
1. 能叙述扑救电气火灾的注意事项。
2. 能正确选择适合的灭火器扑救电气火灾。

▶ 素质目标
1. 培养安全意识、团队合作意识。
2. 树立"预防为主,防消结合"的消防工作方针。

1.3.3　学习场地、设备与材料、课时数建议

学习场地

多媒体教室及实训室。

设备与材料

主要设备与材料如表 1-13 所示。

主要设备与材料　　　　　表 1-13

示意图	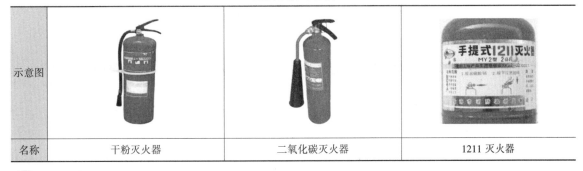		
名称	干粉灭火器	二氧化碳灭火器	1211 灭火器

课时数

2 课时。

1.3.4 知识储备

一、电气火灾概述

电气火灾是指由于电气原因引发燃烧而造成的灾害，主要是由电路短路、过负载、接触电阻增大、设备绝缘老化、电路产生电火花或电弧，以及操作人员违反规程造成的。它会造成设备的严重损坏及人员伤亡。

电气火灾包括以下四个方面。

1. 漏电起火

线路的某一个地方因为某种原因（自然原因或人为原因，如风吹雨打、潮湿、高温、碰压、划破、摩擦、腐蚀等）使电线的绝缘或支架材料的绝缘能力下降，导致电线与电线之间（通过损坏的绝缘、支架等）、导线与大地之间（电线通过水泥墙壁的钢筋、马口铁皮等）有一部分电流通过，这种现象称为漏电。

当漏电发生时，漏泄的电流在流入大地途中，如遇电阻较大的部位，会产生局部高温，致使附近的可燃物着火，从而引起火灾。此外，在漏电点产生的漏电火花，同样会引起火灾。

2. 短路火灾

电气线路中的裸导线或绝缘导线的绝缘体破损后，相线与中性线或相线与保护地线（包括接地从属于大地）在某一点碰在一起，引起电流突然大量增加的现象称为短路，俗称碰线、混线或连电。

由于短路时电阻突然减小，电流突然增大，其瞬间的发热量大大超过了线路正常工作时的发热量，并在短路点易产生强烈的火花和电弧，使绝缘层迅速燃烧，金属熔化，引起附近的可燃物燃烧，造成火灾。

3. 过负荷火灾

当导线中通过电流量超过了安全载流量时，导线的温度不断升高，这种现象称为导线过负荷。

导线过负荷时，会加快导线绝缘层老化变质。严重过负荷时，导线的温度会不断升高，甚至引起导线的绝缘层发生燃烧，引燃导线附近的可燃物，从而造成火灾。

4. 接触电阻过大火灾

凡是导线与导线、导线与开关、熔断器、仪表、电气设备等连接的地方都有接头，在接头的接触面上形成的电阻称为接触电阻。当有电流通过接头时会发热，这是正常现象。如果接头处理良好，接触电阻不大，则接头点的发热就很小，可以保持正常温度。如果接头中有杂质，连接不牢靠或其他原因使接头接触不良，造成接触部位的局部电阻过大，当电流通过接头时，就会在此处产生大量的热，形成高温，这种现象称为接触电阻过大。

在有较大电流通过的电气线路上，如果某处出现接触电阻过大这种现象，就会在其局部范围内产生极大的热量，使金属变色甚至熔化，引起导线的绝缘层发生燃烧，并引燃附近的可燃物或导线上积落的粉尘、纤维等，从而造成火灾。

二、电气火灾的扑救

1. 注意事项

发生电气火灾时，应组织人员立即切断电源，使用正确的方法扑救并拨打119报警，通知供电公司。电气火灾的扑救应注意以下事项：

（1）电气设备发生火灾，首先应立即切断电源，并拨打119报警，然后进行灭火。

（2）若无法切断电源，应采取带电灭火的方法，选用二氧化碳灭火器、四氯化碳灭火器、1211灭火器、干粉灭火器等不导电的灭火剂灭火。灭火器和人体与10kV以下的带电体要保持0.4m以上的安全距离。

（3）使用水枪灭火时，应使用喷雾水枪，要穿绝缘鞋、戴绝缘手套，水枪喷嘴应作可靠接地。

（4）使用四氯化碳灭火器灭火时，灭火人员应站在上风侧，以防中毒；使用二氧化碳灭火时，要防止窒息；对转动的电动机进行灭火时，不得使用泡沫灭火器和沙土。

（5）室内着火时，千万不要急于打开门窗，以防止空气流通，加大火势。

（6）灭火人员着火时，可就地打滚或撕脱衣服，不能用灭火器直接向灭火人员身上喷射，可使用湿麻袋、湿棉布将灭火人员覆盖。

（7）对电力电缆进行灭火时，可使用沙土和干土覆盖，但不能使用水或泡沫灭火器扑救。

（8）带电灭火必须有人监护。

电气设备或电气线路发生火灾时，如果没有及时切断电源，扑救人员身体或所持器械可能接触带电部分而造成触电事故。因此，发生电气火灾时，应先切断电源。切断电源时应注意以下几点：

(1)拉闸时,最好使用绝缘工具操作。
(2)切断电源的地点要适当,避免切断电源后影响灭火工作。
(3)剪断电线时,不同相的电线应在不同的部位剪断,以免短路。
(4)带电线接地时,应设警戒区域,防止人员进入而触电。

2. 灭火器及其使用方法

常见灭火器的适用范围和使用方法,如表 1-14 所示。

常见灭火器的适用范围和使用方法　　　　　　　　　　　表 1-14

名称	适用范围	使用方法
泡沫灭火器	扑救油脂类、石油类产品及一般固体物质的初起火灾	使用时将筒身颠倒过来,一只手紧握提环,另一只手扶住筒体的底圈,将二氧化碳气体泡沫对准燃烧物喷射
二氧化碳灭火器	扑救 600V 以下电气设备、精密仪器、图书、档案的火灾,以及范围不大的油类、气体和一些不能用水扑救的火灾	一手拿喷筒对准火源,一手紧握鸭舌,使气体顺风喷出
干粉灭火器	扑救可燃液体、气体、电气火灾以及不宜用水扑救的初起火灾	使用时,打开保险销,把喷管口对准火源,另一只手紧握导杆提把,将顶针压下,干粉喷出
1211 灭火器（卤代烷）	扑救油类、精密机械设备、仪表、电子仪器、设备及文物、图书、档案等贵重物品的初起火灾	使用时,拔掉保险销,握紧压把开关,将密封阀开启,灭火剂即喷出

由表 1-15 可知,常用于扑救电气火灾的灭火器有干粉灭火器、二氧化碳灭火器和 1211 灭火器,其外形如图 1-24 所示。

a) 干粉灭火器　　b) 二氧化碳灭火器　　c) 1211灭火器

图 1-24　常用于扑救电气火灾的灭火器

灭火器的使用步骤及方法,如表 1-15 所示。

灭火器的使用步骤及方法　　　　　　　　　　　表 1-15

步骤	①右手握住压把,取出灭火器	②除掉铅封	③拔掉保险销	④右手压把,用力压下压把,左手握喷管左右摆动,喷射燃烧区
图示				

三、电气火灾的预防

1. 预防短路起火

当两导线短路时,电流增大,导线绝缘层被破坏,线芯温度迅速上升,绝缘层自燃引起火灾。预防短路起火的措施如下:

(1)避免短路发生,使绝缘层完整无损。比如,导线必须用配管,不能裸露,不能直接抹在墙内,导线应带护套、槽、索等敷设;埋地电缆应注意弯曲半径足够大,以防电缆在抽拉的过程中损坏绝缘层。

(2)保持绝缘水平。导线要避免过载、过电压、高温腐蚀以及被泡在水里等。随着家用电器的不断增多,线路负载也越来越大,用户在未经设计部门许可的情况下,不应随意增大线路负载,特别是一些老建筑物,导线截面积都较小,如果一定要增加负载的话,也要另外敷设电源。对于新的建筑物,建议设计部门根据线路负载不断增大的趋势,在导线截面积的选择上做一定预留,以保证线路绝缘的正常水平。

(3)在敷设导线时,应采用阻燃配管,如防火电缆、防相线槽等。

(4)若已经发生短路,则应迅速切断电路,限制火势沿线路蔓延,防止线路互串。应注意,在未切断电源前不能泼水,以免造成不应有的损失及人员伤亡等。

2. 预防接地故障电压起火

接地故障电压起火是比短路更危险的起火原因。一般来说,接地故障回路阻抗大、导线接地连接不良时,会增大回路阻抗,此时便易出现电弧性故障,俗称打火花。因此,要求进户线在进入配电箱时,箱体须作可靠接地连接,接地螺栓须加镀锌垫片,而且若是多股导线须加线鼻子。

预防接地故障火灾,首先应在电气线路和设备的选用和安装上尽量防止绝缘损坏,以免接地故障的发生。对此,除了采取预防短路火灾的措施,还应采取如下措施:

(1)在建筑物的电源总进线处,装设漏电保护器。应注意,用于防火的漏电保护必须装在电源总进线处,以对整个建筑物起防火作用。

(2)在建筑物电气装置内实施总等电势连接。当故障电压沿聚乙烯(PE)线进入线路时,建筑物内线路上处于同一故障电压,这样做可消除电势差,电弧电火花无从发生,也就满足了防火要求。

3. 安装电气火灾报警监控系统

电气火灾报警监控系统可为用户省电降耗、保护设备、预测隐患、防火减灾。

4. 家庭防火要点

要注意家庭电气防火,家庭要选择安全、合格的电器产品;安装大功率电器,需增设或改变线路时,应由电工负责施工,不要私自乱拉乱接线路;家庭不宜使用大功率的灯具照明,常用灯具要与可燃物保持一定距离;不使用电视机、空调等家用电器时,应将插头拔下,断开电源;一旦发生电气火灾,要迅速切断总电源,再用灭火器等进行灭火。遇紧急情况应及时拨打火警电话。

生活实践

请利用学校图书馆资源或网络资源,查找灭火器的种类和应用范围、可用于扑救电气火灾的灭火器种类。

笔记区

1.3.5 任务实施

技能训练 1-3　电气火灾的防范与扑救

班级		姓名		日期	
同组人					

▶ 谈一谈

日常生活中应怎样预防电气火灾的发生？举出实例。

▶ 写一写

1. 电气火灾是指由于_____原因引发燃烧而造成的灾害，主要是由电路_____路、过负载、接触电阻_____、设备绝缘_____、电路产生电_____或电弧，以及操作人员违反规程造成的。

2. 电气火灾包括四个方面，即_____、_____、_____和_____。

▶ 记一记

1. 电气设备发生火灾，首先应立即切断_____，并拨打_____报警，然后进行灭火。

2. 若无法切断电源，应采取_____的方法，选用二氧化碳灭火器、四氯化碳灭火器、1211 灭火器、干粉灭火器等不导电的_____灭火。灭火器和人体与 10kV 以下的带电体要保持_____ m 以上的安全距离。

3. 室内着火，千万不要急于打开_____，以防止_____流通，加大火势。对电力电缆的火灾，可使用_____和_____覆盖，但不能使用_____或_____灭火器扑救。

4. 发生电气火灾时，应先切断电源。切断电源时应注意：
(1) 拉闸时最好使用_____工具操作。
(2) 切断电源的地点要适当，避免切断电源后影响_____工作。
(3) 剪断电线时，不同相的电线应在不同的部位剪断，以免_____路。
(4) 带电线接地时，应设警戒区域，防止人员进入而_____。

5. 用于扑救电气火灾的灭火器有_____、_____、_____。

▶ 查一查

1. 防止短路起火的措施有哪些？

2. 预防接地故障火灾的措施有哪些？

1.3.6　学习评价

任务1.3学习评价表如表1-16所示。

任务1.3学习评价表　　表1-16

序号	项目		评价要点	分值(分)	得分
1	准备工作	着装整齐	着工装或校服	5	
		学习用品齐全	学习手册、任务单、笔齐全	5	
		灭火器准备	灭火器准备到位	10	
2	灭火器使用方法	取出灭火器	动作熟练、操作规范	8	
		除掉铅封	动作熟练、操作规范	6	
		拔掉保险销	动作熟练、操作规范	6	
		喷射燃烧区	左右手操作协调,灭火成功	10	
3	安全意识	安全规范操作	注意人身设备安全,规范操作	15	
		遵守秩序	服从教师管理,爱护设备	15	
4	5S现场管理		仪器设备复位	10	
			清理工作环境	10	
	总分			100	

低压电工证考试训练题

一、判断题(正确画√,错误画×)

1. 不得用泡沫灭火器带电灭火;带电灭火应采用干粉、二氧化碳等灭火器。(　　)

2. 对架空线路等空中设备灭火时,人与带电体之间的仰角不应超过45°,防止导线断落,危及灭火人员的安全。(　　)

二、单选题

干粉、二氧化碳等灭火器喷嘴至10kV带电体的距离不得小于(　　)m。

A.0.1　　　　B.0.2　　　　C.0.3　　　　D.0.4

项目2 直流电路基础知识

项目引入

本项目引导学习者从最简单的便携式台灯电路入手,了解最基本的电路(以直流电路为例)模型、电路状态、电路中的电压、电流、电势等物理量,探究电阻定律、欧姆定律等基本定律,掌握电阻串、并联的特点、性质等。

项目目标

1. 了解电路的概念和电路的基本组成,理解各部分的作用。
2. 理解并掌握理想元件与电路模型的概念。
3. 理解并掌握电流、电压、电势、电动势的概念。
4. 理解电流、电压的参考方向及关联参考方向的含义。
5. 理解电能和电功率的概念,掌握其计算式及单位。
6. 理解电阻的含义。
7. 掌握电阻的单位及其换算关系。
8. 掌握电阻定律及其应用。
9. 掌握影响电阻大小的因素。
10. 掌握线性电阻元件的伏安特性。
11. 掌握部分电路欧姆定律。
12. 掌握全电路欧姆定律的内容及其应用。
13. 掌握电阻串联的特点及应用。
14. 理解直流电压表扩大量程的原理。
15. 掌握并联电路的特点及其实际应用。
16. 了解电流表的工作原理和制作原理。
17. 理解支路、节点、回路和网孔的含义。
18. 理解基尔霍夫电流定律和基尔霍夫电压定律的内容。
19. 会应用基尔霍夫定律计算电路中的电流和电压。

电工技术基础与技能

班级_____ 姓名_____ 学号_____ 日期_____

任务 2.1　电路连接基础知识认知

2.1.1　任务描述

本任务引导学习者理解并掌握电路的基本组成、电路的三种状态、便携式台灯电路的连接等知识与技能。

2.1.2　任务目标

▶ 知识目标

1. 了解电路的组成及各部分的作用。
2. 理解电路和电路模型的概念。
3. 掌握电路的三种状态。

▶ 能力目标

1. 能够识别常用的电路元件及识读便携式台灯电路图。
2. 会连接便携式台灯实物电路图,会画出其电路模型。

▶ 素质目标

1. 具备自主学习能力、实际操作能力、交流沟通能力。
2. 培养职业素养和规范操作意识。
3. 培养创新精神、工匠精神。

2.1.3　学习场地、设备与材料、课时数建议

学习场地

多媒体教室及实训室。

设备与材料

主要设备与材料如表 2-1 所示。

主要设备与材料　　　　　表 2-1

示意图				
名称	便携式台灯	干电池	开关	小灯泡

课时数

2 课时。

2.1.4　知识储备

一、电路的组成与作用

电路是将各种电气设备或器件按一定方式连接的总体,它可以提供电流流通的路径。如图 2-1 所示为一只便携式台灯的实际电路,这个电路是由干电池、一个小灯泡、

一个开关和若干导线组成的最简单电路。其中,干电池把化学能转换成电能,是电路中的电源;灯泡把电能转换成光能和热能,是电路中的负载;导线用来连接各个电器件;开关用来控制电路的通断。可见,电路基本上是由电源、负载、连接导线、控制和保护装置等组成的。

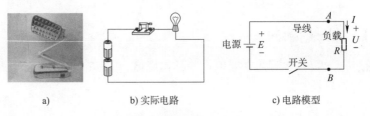

a)   b) 实际电路   c) 电路模型

图 2-1   便携式台灯电路示意图

  电路的基本作用就是进行电能与其他形式能量之间的转换。根据其作用不同,电路可分为两大类:第一类是实现电能的传输、分配和转换。如我们的生活用电,发电机把其他形式的能量转换成电能,通过变压器和导线输送到各用电单位,再由用电器(负载)把电能转换成其他形式的能量。第二类是对电信号进行传递和处理,即通过电路将输入的电信号进行传递、转换或加工处理,使之成为满足一定要求的输出信号。这类电路主要是电子电路。

二、直流电源及种类

  小灯泡持续发光,表示有持续电流通过小灯泡的灯丝,这个持续电流是由干电池提供的,像干电池这样能提供持续稳恒电流的装置,称为直流电源。直流电源有两个极:一个正极,用符号"+"表示;一个负极,用符号"-"表示。

  直流电源的作用是在电源内部不断地使正极聚集正电荷,负极聚集负电荷,对外提供持续的稳恒电压或电流。干电池和蓄电池是常用的直流电源,通过电池内部的化学变化,使正负电荷分开。从能量转化的角度来看,电源是把其他形式的能量转化为电能的装置。干电池、蓄电池对外供电时,电池内部发生化学变化,将化学能转化为电能。

三、电路的三种状态

  电路分通路、断路和短路三种状态。闭合开关,电路接通,电路中就有了电流。接通的电路叫作通路,如图 2-2a)所示。如果电路中某处断开了,如断开开关,电路中就没有电流。断开的电路叫断路,又称为开路,如图 2-2b)所示。如果直接把导线接在电源两端,电路中就会有很大的电流,可能把电源烧毁,这是不允许的,这种情况叫短路,如图 2-2c)所示。因此,为避免短路事故的发生,电路中常接有熔断器或自动断路器等保护装置。一旦电路中出现短路故障,熔断器和自动断路器迅速切断电路,从而保障设备和人身的安全。

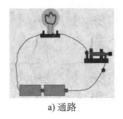 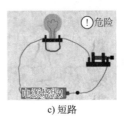

a) 通路   b) 开路   c) 短路

图 2-2   电路的三种状态

四、电路模型

  在分析计算电路时,分析和计算的对象并不是实际电路,而是实际电路的电路模型。所谓电路模型是指将实际电路中的元件用统一规定的图形符号来表示,并用理想导线连接起来的图形,而理想导线是指电阻为零的导线。表2-2列出了一些常用电路元件及仪表的图形符号。

常用电路元件及仪表的图形符号　　　　　表2-2

名称	符号	名称	符号
电阻		接地或接机壳	
电池		熔断器	
电灯		电压源	
开关		电流源	
电流表		电容	
电压表		电感	

📝 笔记区

2.1.5 任务实施

技能训练 2-1　便携式台灯电路连接

班级		姓名		日期	
同组人					

🔬 工作准备

▶ 谈一谈

直流电源有哪些？生活中哪些设备用直流电？

▶ 认一认

认识便携式台灯(图2-3)。

▶ 写一写

1.组成便携式台灯的主要电器件有①_____、②_____、③_____、④_____等。

2.直流电源的作用是在电源内部不断地使正极聚集_____电荷,负极聚集_____电荷,对外持续供电。干电池和_____是常用的直流电源。

▶ 画一画

根据图2-4画出便携式台灯电路模型。

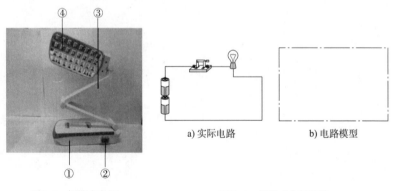

图2-3　便携式台灯　　　图2-4　便携式台灯电路

▶ 记一记

1.电路基本上是由_____、_____、_____、_____组成的。

2.电路的三种状态有_____、_____、_____。其中_____状态是故障状态。

📊 实施步骤

1.连接电路实物图[图2-5a)],画电路图[图2-5b)]。

2.分析。

(1)便携式台灯电路,闭合开关,小灯泡就持续发光;断开开关,小灯泡就熄灭。小灯泡持续发光,表示有持续电流通过小灯泡的灯丝,这个持续电流是由干电池提供的。像干电池这样能提供持续电流的装置,称为直流电源。直流电源有两个极:一个正极,用符号"_____"表示;一个负极,用符号"_____"表示。

(2)在分析计算电路时,分析和计算的对象并不是实际电路,而是实际电路的_____。

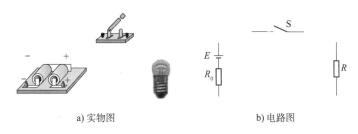

a) 实物图　　　　　　　　　b) 电路图

图 2-5　连接电路

3. 总结归纳。

(1)电路的基本组成和作用分别是什么?

(2)什么是电路模型?

4. 问题讨论。

电路模型与实际电路越接近,分析电路时越复杂,为什么?

2.1.6　学习评价

任务 2.1 学习评价表如表 2-3 所示。

任务 2.1 学习评价表　　　　　　　表 2-3

序号	项目		评价要点	分值(分)	得分
1	画电路模型及连接电路	画电路图	正确画出电路图	20	
			电路图工整	10	
		连接电路	电路连接正确	20	
			电路元器件连接顺序合理	20	
2	安全、规范操作		安全操作过程规范标准	15	
3	5S 现场管理		工作台面整洁干净	10	
			工具仪表归位放置	5	
总分				100	

电工技术基础与技能

班级_____ 姓名_____ 学号_____ 日期_____

任务 2.2　电路分析与测量基础知识认知

2.2.1　任务描述

本任务引导学习者理解并掌握使用电压表、电流表测量便携式台灯电路的电压、电流的方法,利用伏安法测量电阻的方法等相关知识与技能。

2.2.2　任务目标

▶ 知识目标

1. 理解并掌握电流、电压、电势、电动势的概念。
2. 理解电流、电压的参考方向及关联参考方向的含义。
3. 理解电能和电功率的概念,掌握其计算式及单位。
4. 掌握线性电阻元件的伏安特性。
5. 掌握部分电路欧姆定律。
6. 全电路欧姆定律的内容及其应用。

▶ 能力目标

1. 会使用直流电流表、电压表或万用表测量电路的电压、电流及电势。
2. 能够使用万用表排查电路的简单故障。
3. 会应用欧姆定律求解电路的电压、电流和电阻。
4. 会计算负载获得的最大功率。

▶ 素质目标

1. 具备自主学习能力、实际操作能力、交流沟通能力。
2. 培养职业素养和规范操作意识。
3. 树立远大理想,勇于创新。

2.2.3　学习场地、设备与材料、课时数建议

学习场地

多媒体教室及实训室。

设备与材料

主要设备与材料如表 2-4 所示。

主要设备与材料　　表 2-4

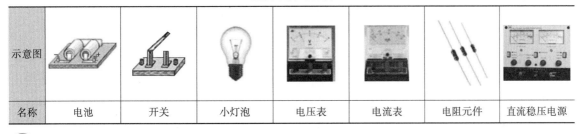

示意图							
名称	电池	开关	小灯泡	电压表	电流表	电阻元件	直流稳压电源

课时数

2 课时。

2.2.4 知识储备

一、电流及其参考方向

电荷的定向运动形成电流。金属导体内部的电流是自由电子在电场力作用下运动形成的，电解液中的电流是由于正、负离子在电场力的作用下分别向相反方向运动而形成的。我们习惯上规定正电荷的运动方向为电流的实际方向。

电流除了方向以外还有强弱，规定单位时间内通过导体横截面积的电荷称为电流。因此，电流可分为两类：一类是大小和方向都不随时间变化的电流，称为直流电流（DC），简称直流，用符号 I 表示；另一类是大小和方向都随时间变化的电流，称为交流电流（AC），简称交流，用符号 i 表示[①]。

对于直流电流，在任一瞬间 t 通过导体横截面的电荷 q 都相等，其电流为：

$$I = \frac{q}{t}$$

对于交流电流，由于任一瞬间 t 通过导体横截面的电荷 q 都不相等，因此，只能取一个很短的时间间隔 Δt，在该时间间隔内通过导体横截面的电荷 Δq 看成近似不变，电流为：

$$i = \frac{\Delta q}{\Delta t}$$

在国际单位制（SI）中，电流的单位为安培，符号为 A。若在 1s 通过导体横截面的电荷 q 为 1 库仑（C），则电流为 1 安（A）。

工程上还常用千安（kA）、毫安（mA）和微安（μA）表示电流的单位，它们的换算关系是：

$1kA = 10^3 A, 1mA = 10^{-3} A, 1\mu A = 10^{-3} mA = 10^{-6} A$。

【例 2-1】 已知在 20s 内通过某导体横截面的电荷为 0.01C，则通过导体的电流是多少？

解：通过导体的电流：

$$I = \frac{q}{t} = \frac{0.01}{20} = 0.0005(A) = 0.5(mA) = 500(\mu A)$$

在计算电路时，往往无法事先确定电流的实际方向，为了方便分析电路，通常事先假定一个电流的方向，该方向称为电流的参考方向，在电路图中用实线箭头表示。若需要标出电流的实际方向，则以虚线箭头表示。在图 2-6 所示的一段电路中，方框泛指电路元件，它只有两个端钮与外电路相连，故称为二端元件。其电流的参考方向可以选择由 a 到 b，如图 2-6a) 所示；也可以选择由 b 到 a，如图 2-6b) 所示。电流 I_{ab} 的参考方向也可以用双下标表示，如它表示电流的参考方向是由 a 到 b，而 I_{ba} 表示电流的参考方向是由 b 到 a。对于同一电路元件，当电流的参考方向选择相反时，则两电流大小相等，符号相反，即 $I_{ba} = -I_{ab}$。

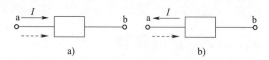

图 2-6 电流的参考方向

当电流的实际方向与参考方向一致时，其值为正；若实际方向与参考方向相反，则电流值为负。电流值的正、负结合参考方向才能说明电流的实际方向。用电流表测量电路电流时，电流表应串联在被测支路中。测量直流电流时，电流的实际方向应从电流表的正极流入，负极流出。如图 2-7 中所示，图中符号 Ⓐ₁ Ⓐ₂ 表示电流表。

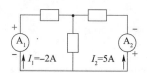

图 2-7 直流电流的测量

【例 2-2】 如图 2-8 所示电路，已知通过某一元件电流的大小为 0.5A，实际方向是由 a 流向 b，试写出图中各电流的数值。

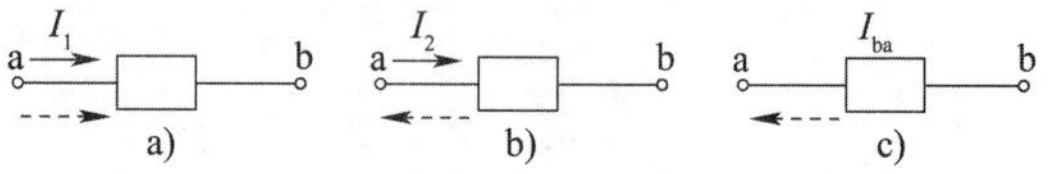

图 2-8 【例 2-2】电路

解：图 2-8a) 中，电流 I_1 的参考方向由 a 指向 b，与实际方向相同，所以电流 I_1 为正，即 $I_1 = 0.5A$。图 2-8b) 中，电流 I_2 的参考方向由 b 指向 a，与实际方向相反，所以电流 I_2 为负，即 $I_2 = -0.5A$。图 2-8c) 中，电流 I_{ba} 的参考方向由 b 指向 a，与实际方向相反，所以电流 I_{ba} 也为负，即 $I_{ba} = -0.5A$。

二、电压及其参考方向

电压又叫电势差，它是衡量电场力做功本领的一个物理量。电压和电流是电路中的两个基本物理量，直流电压用符号 U 表示，交流电压用符号 u 表示[②]。

[①] 在交流电技术中，也用 i 表示电流的瞬时值。
[②] 在交流电技术中，也用 u 表示电压的瞬时值。

在直流电路中,电压 U_{ab} 在数值上等于电场力把单位正电荷 q 由 a 点移动到 b 点所做的功 W,即:

$$U_{ab} = \frac{W}{q}$$

在国际单位制(SI)中,电压的单位是伏特,符号为 V(伏)。在上式中,当 W 为 1J(焦),q 为 1C(库仑)时,电压 U_{ab} 就是 1V(伏)。

在工程上,电压的常用单位还有千伏(kV)、毫伏(mV)和微伏(μV),它们的换算关系是:

$1kV = 10^3 V, 1mV = 10^{-3} V, 1μV = 10^{-3} mV = 10^{-6} V$。

规定电压的实际方向为电场力移动正电荷做功的方向。若电场力把正电荷 q 从 a 点移动到 b 点做功时,电压的实际方向就从 a 点指向 b 点。

与电流类似,分析、计算电路时,也要预先假定电压的参考方向。电压的参考方向可以用实线箭头表示,也可以用"+""-"号表示,所以电压的参考方向也称为参考极性。用"+""-"号表示电压时,"+"称为参考正极,"-"称为参考负极,电压的参考方向为从"+"指向"-"。此外,还常用双下标来表示电压的参考方向,如 U_{ab} 表示电压的参考方向从 a 指向 b;而 U_{ba} 则表示参考方向从 b 指向 a,即与 U_{ab} 相反。显然,$U_{ba} = -U_{ab}$。

若需要标出电压的实际方向,也可以采用虚线箭头表示,如图 2-9 所示。

电压值的正、负也是相对于参考方向而言的。电压为正值,说明电压的实际方向与参考方向一致;电压为负值,表示电压的实际方向与参考方向相反。

用电压表测量电路电压时,电压表应并联在被测电路两端。测量直流电压时,电压表的正极应与被测电压实际极性的高电势端相连接,负极与被测电压实际极性的低电势端相连接。如图 2-10 所示,图中符号 Ⓥ₁ Ⓥ₂ 表示电压表。

通常说室内吊灯的高度是 2m,是选择室内地面作为参考平面,取参考平面的高度为零,把吊灯与室内地面的高度差作为吊灯的高度。类似地,如果在电路中选择某一个参考点,也可以

由电势差来定义电路中各点的电势。电势通常用符号 V 表示。

电路中某点的电势,等于单位正电荷由该点移动到参考点(零电势点)时电场力所做的功。例如,图 2-11 所示的电路中,取 c 点作为电势参考点,即 $V_c = 0V$,1C 的正电荷分别由 a、b、d 三点移动到 c 点时,电场力所做的功分别为 15J、5J、-5J,这三点的电势就分别是 $V_a = 15V$,$V_b = 5V, V_d = -5V$。

有了电势的概念,就可用电势的差值表示电势差,即电压。在图 2-11 中,a、b 两点间的电势差可记为

$$U_{ab} = V_a - V_b$$

若 $V_a > V_b$,表明 a 点电势高于 b 点电势;若 $V_a < V_b$,表明 a 点电势低于 b 点电势;若 $V_a = V_b$,表明 a 点电势等于 b 点电势。

参考点是可以任意选定的,一经选定,电路中其他各点的电势也就确定了。参考点选择不同,电路中同一点的电势会发生变化,但是,电路中任意两点间的电势差(电压)不变,这就像高度差与零高度位置的选择无关一样。

在工程中,通常选择大地或设备的外壳为参考点;在电子线路中,可以选择一条由多个元件汇集并与机壳相连的公共线为参考点,习惯上也称为地线。在电路图中参考点用符号"⏚"或"⊥"表示。

在电子技术中,经常用到电势的概念。例如,在讨论晶体二极管和三极管的工作状态时,必须分析各电极的电势。

三、电压、电流的关联参考方向

对于某一段电路或某一个二端元件来说,电压和电流的参考方向原则上可以分别任意假定。但为了分析、计算的方便,往往选择二者的参考方向一致,并称为关联参考方向,或者说参考方向关联。当选择电压、电流的参考方向关联时,在电路图中可以只标出二者之一的参考方向;反之,若某一段电路或某个二端元件只标示了一个参考方向,即应该被认为是电压、电流的关联参考方向。

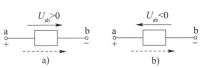
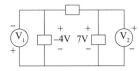
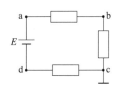

图 2-9　电压的参考方向　　图 2-10　直流电压的测量　　图 2-11　电势的概念

电压和电流的参考方向,是分析、计算电路的十分重要的概念。在分析、计算电路之前,必须在图中标出电压、电流的参考方向;参考方向可以任意假定,但一旦选定电压、电流的参考方向,在分析、计算电路过程中就不能再改变;在未标明参考方向的情况下,电压和电流值的正或负是毫无意义的。

四、部分电路欧姆定律

在一段不包含电源的电路中,流过导体的电流与这段导体两端的电压成正比,与这段导体的电阻成反比,这就是部分电路欧姆定律,用公式表示为:

$$R = \frac{U}{I}$$

其中,I、U、R 为同一部分电路中同一时刻的电流、电压和电阻。

 知识拓展

欧姆简介

格奥尔格·西蒙·欧姆(1789—1854)是德国物理学家。欧姆的父亲是一个技术熟练的锁匠,十分爱好哲学和数学。欧姆从小就在父亲的教育下学习数学并受到有关机械技能的训练,这对他后来进行研究工作特别是自制仪器有很大的帮助。欧姆的研究工作,主要是在1817—1827年担任中学物理教师期间进行的。

1827年欧姆提出"欧姆定律",即电路中的电流和电势差成正比,而与电阻成反比。为了纪念欧姆对电磁学的贡献,物理学界将电阻的单位命名为欧姆,以符号 Ω 表示。

五、电能

当电流通过用电器时,用电器就会发光、发热或是产生机械运动,这说明用电器吸收电能转换成其他形式的能量,也说明电流做了功,电流做的功叫作电能,计算公式如下:

$$W = UIt$$

式中:W——电路的电能,J;
　　　U——电压,V;
　　　I——电流,A;
　　　t——电路的通电时间,s。

对于电阻元件,由欧姆定律可知,$U = IR$ 或 $I = \frac{U}{R}$,代入式中,得:

$$W = UIt = I^2Rt = \frac{U^2}{R}t$$

工程上还常用千瓦时(kW·h,日常生活中称为度)作为计量电能的单位,即功率为1kW的用电设备工作1h所消耗的电能就是1kW·h。它与焦耳的换算关系为:

$$1\text{kW} \cdot \text{h} = 1000\text{W} \times 3600\text{s} = 3.6 \times 10^6 \text{J}$$

六、电功率

电功率是衡量电路中电流做功快慢的物理量,即单位时间内电流所做的功称为电功率,简称功率,用符号 P 表示。定义式为:

$$P = \frac{W}{t}$$

功率的国际单位为瓦特,简称瓦,用符号 W 表示。常用单位除了瓦以外还有千瓦(kW)和毫瓦(mW),它们之间的关系为:

$$1\text{kW} = 10^3\text{W}, 1\text{mW} = 10^{-3}\text{W}$$

功率的计算式为:

$$P = UI$$

利用上式可以判断电路或元件是吸收功率还是产生功率。当选择电压、电流为关联参考方向时,若 $P > 0$,则电路或元件吸收(消耗)功率;若 $P < 0$,则产生功率。

当电压、电流为非关联参考方向时,功率的计算式变为:

$$P = -UI$$

同样,若 $P > 0$,则电路或元件吸收(消耗)功率;若 $P < 0$,则产生功率。

电阻元件的功率计算式为:

$$P = UI = I^2R = \frac{U^2}{R}$$

由上式可知,电阻元件的功率总是大于零,进一步说明电阻元件是耗能元件。

【例2-3】 计算图2-12中各元件的功率,并指出其是吸收功率,还是产生功率。

解:图2-12a)中,电压、电流为关联参考方向,$P = UI = 8 \times 0.25 = 2(\text{W}) > 0$,该元件是吸收功率。

图2-12b)中,电压、电流也为关联参考方向,$P = UI = (-4) \times 3 = -12(\text{W}) < 0$,该元件是产生功率。

图2-12c)中,电压、电流为非关联参考方向,$P = -UI = 6 \times (-2) = -12(\text{W}) < 0$,该元件是产生功率。

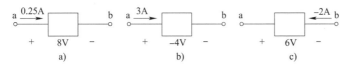

图2-12 【例2-3】电路

七、电源和电动势

1. 电源

电源是把其他形式的能转换成电能的装置。电源种类很多,如太阳能电池是把光能转换成电能,发电机是把机械能转换成电能,干电池是把化学能转换成电能等。

对于直流电源来说,在电源以外的电路(外电路)中,电流是由电场力把正电荷从电源的正极移动到负极形成的;而在电源内部的电路(内电路)中,电流是依靠非电场力把正电荷从电源的负极移动到正极形成的。因此,当电源与负载连接成通路后,外电路中的电流总是由电源正极出发流向负极,而内电路中的电流又由电源的负极流向正极,使电路中总是有源源不断的电流通过。如图2-13所示。

2. 电动势

电动势是衡量电源将非电能转换成电能本领的物理量。它表征电源内部非电场力对正电荷做功的本领。

在电源内部,非电场力将单位正电荷由负极搬到正极所做的功定义为电源的电动势,用符号 E 表示,单位和电压相同。其定义式为:

$$E = \frac{W_{\text{非}}}{q}$$

式中:$W_{\text{非}}$——非电场力移动正电荷所做的功,J;

  q——电荷,C;

  E——电源的电动势,V。

电动势的实际方向规定为从电源的负极指向正极,在电路中,用"+""-"号在电源两端标出,如图2-14所示。电源开路时,有关系式 $U = E$。如果在图2-14中将电压 U 的参考方向改为由b指向a,则电源开路时有 $U = -E$。

八、全电路欧姆定律

图2-15所示电路是一个由电源和负载组成的闭合电路,该电路称为全电路。其中 E 为电源的电动势,R_0 为电源的内阻,R_L 为负载电阻。

电路闭合时,电路中有电流 I 通过。电源内部非电场力做功,把其他形式的能转换成电能;负载电阻和电源内阻又把电能转换成热能消耗掉。由能量转换与守恒定律可知,电源电动势产生的功率就等于负载电阻和电源内阻消耗的功率:

$$P_E = P_{R_L} + P_{R_0}$$

其中,$P_E = EI$ 是电源产生的功率;$P_{R_L} = R_L I^2$ 是负载电阻消耗的功率;$P_{R_0} = R_0 I^2$ 是电源内阻消耗的功率。因此,上式还可写成:

$$EI = R_L I^2 + R_0 I^2$$

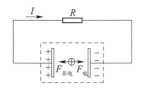 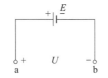 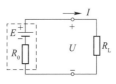

图2-13 电源的工作原理　　图2-14 电动势的实际方向　　图2-15 全电路

该式称为电路的功率平衡方程。将该式两边同时除以电流 I,经变形得:

$$I = \frac{E}{R_L + R_0}$$

该式表明,闭合电路中电流的大小与电源的电动势成正比,与电路的总电阻成反比。这一规律称为全电路欧姆定律。

知识拓展

双路直流稳压电源的使用

1. 外观与用途

稳压电源是一个将工频交流电压转变为直流电压的装置,在一定范围内能输出恒定的直流电压。图 2-16 所示是 DH1718D 型双路直流稳压电源外观,直流稳压电源输出电压调节范围为 0～30V,每路输出电流范围是 0～2A。

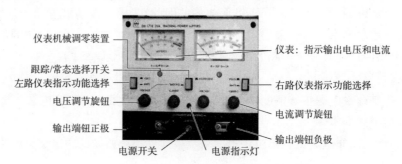

图 2-16　DH1718D 型双路直流稳压电源外观

2. 面板功能使用说明

(1) 电压表(左路仪表):指示输出电压,输出电压范围为 0～30V。

(2) 电流表(右路仪表):指示输出电流,输出电流范围为 0～2A。

(3) 电压调节旋钮:调整恒压输出值。

(4) 电流调节旋钮:调整恒流输出值。

(5) 左路仪表指示功能选择:按下时指示该路输出电压,否则,指示该路输出电流。

(6) 右路仪表指示功能选择:按下时指示该路输出电流,否则,指示该路输出电压。

(7) 跟踪/常态选择开关:将左路输出负端至右路输出正端之间加一短路线,按下此键后,开启电源开关,整机即工作在主从跟踪状态(左路为主,右路为从)。

3. 使用方法

(1) 将仪表指针进行机械调零,使指针指向标尺零位上。

(2) 将左、右仪表指示功能选择和跟踪/常态选择开关弹起;将电流调节旋钮顺时针调到最大值,电压调节旋钮逆时针调至最小值,以保证各路输出恒定电压。

(3) 将电源插头插入交流电源插座,打开面板上的电源开关,指示灯亮。

(4) 顺时针缓慢调节电压输出旋钮,同时观察面板上电压表的指示值,使其输出一定的直流电压。

(5) 测量完毕后,电压调节旋钮和电流调节旋钮均调至零位,然后断开电源开关,拔下电源插头,以备下次使用。

笔记区

2.2.5 任务实施

技能训练 2-2　便携式台灯电路的分析与测量

班级		姓名		日期	
同组人					

工作准备

▶ 谈一谈

1. 什么是电流？电流是怎么形成的？
2. 欧姆定律的内容是什么？
3. 伏安法测电阻的原理是什么？

▶ 查一查

什么是电压？电压的大小与哪些因素有关？

▶ 写一写

1. _____形成电流。习惯上规定_____的运动方向作为电流的实际方向。
2. 直流电流的计算公式为：_____。
3. 电流的单位是：_____。
4. 测量电路电流时电流表应与被测电路_____联。
5. 在直流电路中，电压 U_{ab} 在数值上等于电场力把_____由 a 点移动到 b 点所做的功 W，即_____。
6. 电压的单位是：_____。
7. 测量电路电压时电压表应与被测电路_____联。
8. 写出图 2-17 中各电路中电压、电流的数值。

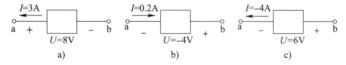

图 2-17　电路图

a) I_{ab} = _____ U_{ab} = _____
b) I_{ba} = _____ U_{ab} = _____
c) I_{ab} = _____ U_{ba} = _____

9. 写出下列各单位之间的换算关系：

1kA = _____ A；1mA = _____ A；1μA = _____ mA = _____ A；
1kV = _____ V；1mV = _____ V；1μV = _____ mV = _____ V。

10. 欧姆定律的公式是：_____。该公式说明，当电路的电阻值一定时，其电压与电流是_____关系，但电阻的电阻值与电压、电流的大小_____。

▶ 算一算

1. 已知在 10s 内通过某导体横截面的电荷为 0.01C，则通过导体的电流是_____。

2. 同一电路中,参考点选择不同,电路中同一点的电势会_____,但是,电路中任意两点间的电压_____。

3. 已知 $V_A = 6V$,$V_B = 10V$,则电压 U_{AB} = _____。

4. 已知电场力把 10C 的正电荷从电路中的 a 点移到 b 点所做的功为 50J,则 a、b 两点间的电压 U_{ab} 等于多少?请指出该电压的实际方向。

5. 某电路中 a、b 两点的电势分别为 $V_a = 20V$、$V_b = -5V$,把电荷 $q = 1.5 \times 10^{-8}C$ 由 a 点移动到 b 点,求电场力所做的功等于多少?

6. 某导体两端加 2V 的电压时,通过该导体的电流为 0.4A,该导体的电阻值是_____ Ω;若将此导体两端的电压加大到 5V,这个导体的电阻值是_____ Ω;若该导体两端不加电压时,通过这个导体的电流是_____ A,此时导体电阻值是_____ Ω。

实施步骤

1. 按图 2-18 所示,连接便携式台灯测量电路。

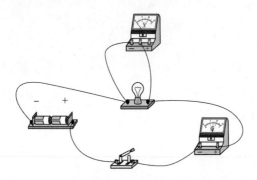

图 2-18　便携式台灯测量电路的连接

2. 使用电压表、电流表测量电路的电流、电压和功率(表 2-5)。

测量数据　　　　　　　　　　　　　　　　　　　　　　表 2-5

电路状态	U(V)	I(A)	P(W)
开关断开			
开关闭合			

3. 数据分析。

(1)闭合开关,电路接通,电路中_____(有、无)电流。电路中的电流值可以用电流表_____联来测量。

(2)打开开关,电路中_____(有、无)电流,_____(有、无)电压,则电压表和电流表的读数均为_____。

4. 如图 2-19 所示,分别按电压表内接法和外接法连接电路。

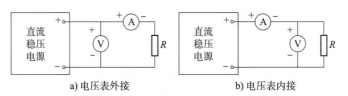

a) 电压表外接　　　　　　　b) 电压表内接

图 2-19　伏安法测电路电阻

5. 先将直流稳压电源的输出电压调到最小,接通电源,然后逐渐增大输出电压,观察电压表和电流表的计数,记录在表 2-6 中。

伏安法测电阻 表 2-6

给定值		$R=200\Omega$			
电压(V)		3	5	7	9
电流(mA)	电压表外接				
	电压表内接				
计算 $\dfrac{U}{I}$	电压表外接				
	电压表内接				

6. 总结归纳。

电阻元件的伏安特性是指_____。

7. 问题讨论。

电压表内接法与外接法的特点和适用条件各是什么？

2.2.6 学习评价

任务 2.2 电路基本物理量的测量与分析学习评价表如表 2-7 所示。

电路基本物理量的测量与分析学习评价表 表 2-7

序号	项目		评价要点	分值(分)	得分
1	仪器仪表使用	电压表	正确连接电压表	20	
			正确选择量程	10	
		电流表	正确连接电流表	20	
			正确选择量程	10	
		读表	正确读数	5	
			正确选择估读位	5	
2	安全、规范操作		操作安全规范	10	
			表格填写工整	5	
3	5S 现场管理		工作台面整洁干净	10	
			工具仪表归位放置	5	
	总分			100	

任务 2.2 欧姆定律的探究学习评价表如表 2-8 所示。

欧姆定律的探究学习评价表 表 2-8

序号	项目		评价要点	分值(分)	得分
1	仪器仪表的使用	电压表	正确选择量程	10	
			正确读表	10	
		电流表	正确连接电流表	10	
			正确选择量程	10	
		稳压电源	正确调压	20	
			通电前、断电前归零	10	
2	安全、规范操作		操作安全、规范	10	
			表格填写工整	5	

续上表

序号	项目	评价要点	分值(分)	得分
3	5S 现场管理	工作台面整洁干净	10	
		工具仪表归位放置	5	
总分			100	

低压电工证考试训练题

一、判断题(正确画√,错误画×)

1. 规定负电荷运动的方向为电流的实际方向。( )
2. 电压的单位是伏特(V)。( )
3. 电势的高低与参考点的选择无关。( )
4. 由公式 $W = UIt = I^2Rt = \dfrac{U^2}{R}t$ 可知,电阻元件的电能总是正数,说明电阻元件总是消耗电能的。( )
5. 单位时间内电流做功越多,电路的功率越大。( )
6. $P = UI = I^2R = \dfrac{U^2}{R}$ 适用于计算所有电路元件的功率。( )
7. 一段电路中,不管电压、电流的方向如何,$P > 0$ 时总是消耗电功率的。( )
8. 电源内部是电场力做功,把其他形式的能转换成电能。( )

二、填空题

1. _____的定向移动形成电流,规定_____电荷运动的方向为电流的实际方向。

2. 电压的方向是由_____电势端指向_____电势端,电压与电势的关系为_____。

3. 电流表用来测量电路中_____的大小,使用时需_____接在被测电路中;电压表用来测量电路中_____的大小,使用时需_____接在被测元器件两端。电流表和电压表在使用前均需调_____校对。

4. 万用表主要可以用来测量_____、_____、_____和_____。

三、计算题

1. 已知某电路中电源产生的功率是30W,输出电压是6V,试计算电路中的电流是多少?

2. 某教室有40W的荧光灯6只,平均每天用电6h,一月按30天计算,求每月用电多少千瓦时?每千瓦时电费为0.48元,则一月应交多少电费?

3. 电源的电动势为1.5V,内阻为0.22Ω,外电路的电阻为1.28Ω,求电路中的电流和外电路电阻两端的电压。

4. 电源的电动势2V,与5Ω的负载电阻连接成闭合电路,测得电源两端的电压为1.8V,求电源的内阻。

班级_____ 姓名_____ 学号_____ 日期_____

任务 2.3　电阻、电阻串并联电路与基尔霍夫电压、电流定律认知

2.3.1　任务描述

本任务引导学习者通过观察常见电阻器的外形和识读电阻器的色环标志,了解电阻的基本概念和基本定律;学会利用色标法、文字符号法和直读法识读电阻器的参数;掌握电阻串联电路的特点;在直流电路单元板上连接测量电路(图2-20);将串联电池组和直流稳压电源作为直流电源,利用直流电流表和直流电压表分别测出各支路电流和回路中各元件两端电压,找出各支路电流之间、回路中各元件两端电压之间的内在联系。

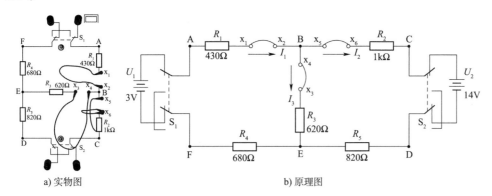

图 2-20　直流电路单元板实物图及原理图

本任务引导学习者理解并掌握电阻并联电路的特点、基尔霍夫电压定律、基尔霍夫电流定律、电路测量方法等相关知识与技能。

2.3.2　任务目标

▶ 知识目标

1. 理解电阻的含义。
2. 掌握电阻的单位及其换算关系。
3. 掌握电阻定律及其应用。
4. 掌握影响电阻值大小的因素。
5. 掌握电阻串联电路的特点。
6. 了解节点、支路、回路和网孔的概念。
7. 理解基尔霍夫电压定律。
8. 掌握电阻并联电路的特点。
9. 理解基尔霍夫电流定律。

▶ 能力目标

1. 会应用电阻定律计算导体的电阻值。
2. 会根据电阻串联特点计算分压电阻值。
3. 会根据电阻并联特点计算分流电阻。
4. 会应用基尔霍夫定律计算电路中的电流和电压。

▶ 素质目标

1. 具备自主学习能力、实际操作能力、交流沟通的能力。
2. 培养职业素养和规范操作意识。

2.3.3 学习场地、设备与材料、课时数建议

学习场地

多媒体教室及实训室。

设备与材料

主要设备与材料如表 2-9 所示。

主要设备与材料　　　　表 2-9

示意图						
名称	万用表	电阻元件	电压表	电流表	电工实训台	直流稳压电源
示意图						
名称	干电池	直流电路单元板	0~10mA~50mA 双量限直流电流表	0~1V~10V~30V 三量限直流电压表	导线	

课时数

4 课时。

2.3.4 知识储备

一、电阻

物体导电时带电粒子会和原子发生碰撞、摩擦，这种碰撞、摩擦一方面阻碍了带电粒子的定向移动，另一方面将电能转变为热能使物体发热，这种发热所消耗的电能是不可逆转的。因此，电阻是表示物体对电流阻碍作用的物理量。常见电阻器如图 2-21 所示。

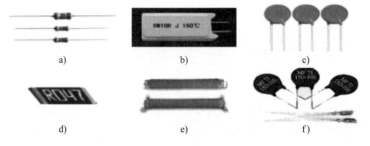

图 2-21　常见电阻器

在国际单位制中，电阻的单位为欧姆，用符号 Ω 表示。工程上还常用千欧（kΩ）、兆欧（MΩ）作为电阻的单位，它们的换算关系为：

$1 k\Omega = 10^3 \Omega, 1 M\Omega = 10^3 k\Omega = 10^6 \Omega$。

二、电阻定律

对于金属导体来说，其电阻不仅与导体的材料有关，还与导体的尺寸以及环境温度有关。实验证明，在温度不变(20℃)的情况下，同一种材料的电阻 R 与导体的长度 L 成正比，与导体的横截面积 S 成反比。这个实验规律叫作电阻定律，用公式表示为：

$$R = \rho \frac{L}{S}$$

式中：L——导体的长度，m；

S——导体的横截面积，mm^2；

R——导体的电阻，Ω；

ρ——材料的电阻率，$\Omega \cdot mm$。

常用导电(电阻)材料的电阻率和电阻温度系数如表 2-10 所示。

常用导电(电阻)材料的电阻率和电阻温度系数 表 2-10

材料名称	电阻率 ρ (20℃时) ($\Omega \cdot mm$)	温度系数 α (0~100℃范围)(1/℃)	材料名称	电阻率 ρ (20℃时) ($\Omega \cdot mm$)	温度系数 α (0~100℃范围)(1/℃)
银	0.0162	0.0038	康铜	0.49	0.000008
铜	0.0175	0.00393	锰铜	0.42	0.000005
铝	0.028	0.004	黄铜	0.07	0.002
钨	0.0548	0.0052	镍铬合金	1.1	0.00016
低碳钢	0.13	0.0057	铂	0.106	0.00389
铸铁	0.5	0.001	碳		-0.0005

【例 2-4】 已知一根长度为 100m 的铜导线，横截面积为 $2.5mm^2$，试计算铜线的电阻。

解：查表可知，铜的电阻率 $\rho = 0.0175 (\Omega \cdot mm)$，由电阻定律，得电阻 R 为：

$$R = \rho \frac{L}{S} = 0.0175 \times \frac{100}{2.5} = 0.7 (\Omega)$$

【例 2-5】 已知某导体电阻为 8Ω，把该导体拉长为原来的 2 倍，则电阻变为多少？如果把该导体对折，则此时电阻又变为多少？

解：设导体原来的长度为 L，截面积为 S，则它的体积 $V = S \cdot L$，此时电阻 R 为：

$$R = \rho \frac{L}{S} = 8(\Omega)$$

(1) 将导体拉长为原来的 2 倍，即长度 $L' = 2L$，由于体积不变，则有截面积 $S' = 0.5S$，此时电阻 R' 为：

$$R' = \rho \frac{L'}{S'} = \rho \frac{2L}{0.5S} = 4\rho \frac{L}{S} = 32(\Omega)$$

(2) 将导体对折，长度 $L'' = 0.5L$，截面积 $S'' = 2S$，此时电阻 R'' 为：

$$R'' = \rho \frac{0.5L}{2S} = \rho \frac{L}{4S} = 2(\Omega)$$

三、材料的电阻温度系数

导电材料的电阻值不仅与材料和尺寸有关，而且会受到外界条件的影响。大量的实验证明，各种导电材料的电阻值都和温度有关。电阻随温度变化的关系用公式表示为：

$$R_2 = R_1[1 + \alpha(t_2 - t_1)]$$

式中：R_1——导体在温度为 t_1 时的电阻，Ω；

R_2——导体在温度为 t_2 时的电阻，Ω；

α——导体的电阻温度系数，1/℃，其物理意义为：导体温度升高 1℃ 时，导体电阻的相对变化量。不同材料的温度系数一般不同，表 2-10 中列出了常用导电材料的温度系数。

四、识读电阻

1. 直标法

直标法是将电阻器的标称电阻值和允许误差直接用数字标在电阻器表面上。

2. 文字符号法

电阻器电阻值用文字符号（图 2-22）表示。图 2-22 中，10R 表示 10Ω。

图 2-22 某电阻器电阻值的文字符号表示

3. 色标法

用不同颜色的色环或色点表示电阻值的方法称为色标法或色码法，目前成品电阻值大小多用色环位表示。色环电阻器中，根据色环的多少又可分为四色环表示法和五色环表示法，不同色环与相应代表数值如表 2-11、表 2-12 所示。

色环与相应代表数值表　　　　　　　　　　　　　　表 2-11

颜色	棕	红	橙	黄	绿	蓝	紫	灰	白	黑	金	银
数值	1	2	3	4	5	6	7	8	9	0	-1	-2

允许偏差色环代表的颜色表　　　　　　　　　　　　表 2-12

颜色	棕	红	绿	蓝	紫	金	银
允许偏差(%)	±1	±2	±0.5	±0.25	±0.1	±5	±10

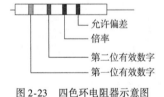

图 2-23 四色环电阻器示意图

四色环电阻器：普通电阻器采用四色环表示法。图 2-23 是四色环电阻器示意图。

五色环电阻器：精密电阻器常用五色环表示法，图 2-24 是五色环电阻器示意图。第一、二、三条为有效数字色环，第四条为应乘倍数色环，即倍率色环，第五条为允许偏差色环。

五、电阻串联电路

将若干个电阻首尾依次连接，中间没有分支，各电阻中通过的是同一电流，这种连接方式称为电阻的串联。R 叫作 R_1、R_2、R_3 串联的等效电阻，如图 2-25 所示。

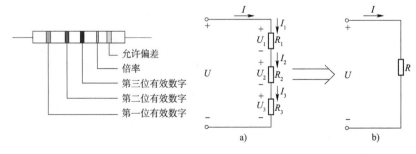

图 2-24 五色环电阻器示意图　　图 2-25 电阻串联电路

电阻串联电路的基本特点：

(1) 串联电路中电流处处相等，即 $I = I_1 = I_2 = I_3$。

(2)串联电路的总电压等于各电阻上的电压之和,即 $U = U_1 + U_2 + U_3$。

(3)串联电路中的总电阻等于串联各电阻之和,即 $R = R_1 + R_2 + R_3$。

(4)各电阻上的电压分配与其电阻成正比,即分压公式:

$$U_1 = IR_1 = \frac{R_1}{R_1 + R_2 + R_3}U = K_1 U$$

$$U_2 = IR_2 = \frac{R_2}{R_1 + R_2 + R_3}U = K_2 U$$

$$U_3 = IR_3 = \frac{R_3}{R_1 + R_2 + R_3}U = K_3 U$$

式中:K_1、K_2、K_3——分压系数或分压比。

综上所述,可得出以下结论:

(1)两个或两个以上电阻串联后的总电阻比其中任何一个电阻都大。

(2)如果 n 个相等的电阻串联,其总电阻等于其中一个电阻电阻值的 n 倍。

(3)若两个电阻值相差很悬殊的电阻串联,其总电阻接近于电阻值较大的电阻。

串联电路在实际电路中的主要用途:

(1)用于限流,以解决线路电流大于负载额定电流之间的矛盾。

(2)用于分压,以解决电源电压高于负载额定电压之间的矛盾。

  知识拓展

电压表的基本结构及工作原理

1. 基本结构

下文以单量限电压表为例,介绍电压表的基本结构及工作原理。单量限电压表由磁电式表头串联一个电阻得到。如图 2-26 所示。一般串联的电阻 R_f 的阻值较大,因此被测电压 U 的大部分加在电阻 R_f 两端,表头电压 U_g 与 U 相比非常小。

图 2-26 单量限电压表电路

2. 工作原理

串联(附加)电阻 R_f 后,表头通过的电流为:

$$I = \frac{U}{R_g + R_f}$$

显然,电流与电压成正比,由于指针的偏转角与电流成正比,所以偏转角与电压成正比,指针的偏转角可以直接反映被测电压的大小。

$\frac{U}{U_g}$ 是电压量限的扩大倍数,用 m 表示,由关系式 $U = I_g(R_g + R_f)$ 和 $U_g = R_g I_g$ 得:

$$m = \frac{U}{U_g} = \frac{R_g + R_f}{R_g}$$

与表头串联的附加电阻值为:

$$R_f = (m - 1)R_g$$

【例2-6】 有一单量限电压表,如图 2-26 所示,其电磁式表头量程为 $U_0 = 50\text{V}$,内阻为 $R_0 = 2000\Omega$,该电压表量程为 $U = 300\text{V}$,问串联电阻 R_V 的电阻值为多少?

解:根据电流相等,可得:

$$\frac{U}{R_0 + R_V} = \frac{U_0}{R_0}$$

$$R_V = \left(\frac{U}{U_0} - 1\right)R_0 = \left(\frac{300}{50} - 1\right) \times 2000 = 10000(\Omega)$$

六、电阻并联电路

将两个或两个以上的电阻相应的两端连接在一起,各电阻电压相同,这种连接方式叫作电阻的并联,如图 2-27 所示。R 叫作 R_1、R_2、R_3 并联电路的等效电阻。电阻并联电路在实际生活中应用广泛,如照明电路,这样才能在断开或闭合某个用电器时不会影响其他用电器的使用。

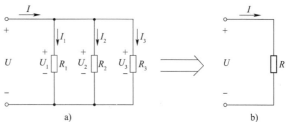

图 2-27 电阻并联电路

电阻并联电路的基本特点如下:

(1)电路中各电阻两端的电压都相等,即 $U = U_1 = U_2 = U_3$。

(2)电路中总电流等于各电阻上的电流之和,即 $I = I_1 + I_2 + I_3$。

(3)电阻并联后的总电阻的倒数等于并联各电阻的倒数之和,即 $\frac{1}{R} = \frac{1}{R_1} + \frac{1}{R_2} + \frac{1}{R_3}$。

(4)并联电路中总电流是按电阻值成反比分配在每个电阻上的,即电阻值小的电阻分配的电流大,电阻值大的电阻分配的电流小。

如图 2-28 所示为两个电阻并联电路。

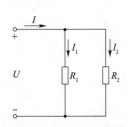

图 2-28 两个电阻并联电路

可得：

$$\frac{1}{R} = \frac{1}{R_1} + \frac{1}{R_2}$$

$$I_1 = \frac{U}{R_1} = \frac{1}{R_1}\left(\frac{R_1 R_2}{R_1 + R_2}\right)I = \frac{R_2}{R_1 + R_2}I$$

同理可得：

$$I_2 = \frac{R_1}{R_1 + R_2}I$$

上面两式称为分流公式。

综上所述，可得出以下结论：

（1）两个或两个以上电阻并联后的总电阻比其中任何一个电阻都小。

（2）如果 n 个电阻值相等的电阻 R 并联，其总电阻值等于 $\frac{R}{n}$。

（3）若两个电阻值相差很悬殊的电阻并联，其总电阻值接近于小的电阻值。

 知识拓展

电流表的基本结构和工作原理

下面以单量限电流表为例，介绍电流表基本结构。

1. 基本结构

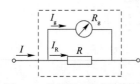

图 2-29 单量限电流表的结构图

磁电式表头的满偏电流 I_g 较小，直接串联在电路中有可能烧坏电流表。根据电阻并联电路中电阻的分流作用，给磁电式表头并联一个的分流电阻，可得到单量限电流表，其可测量较大的电流。单量限电流表由磁电式表头和测量线路构成。单量限电流表的结构图如图 2-29 所示。图中 R 是分流电阻。

通过分流电阻对被测电流 I 分流，使得通过表头的电流 I_g 在表头能够承受的范围内，并使电流 I_g 与被测电流 I 之间保持严格的比例关系。

2. 工作原理

当磁电式表头满偏时，根据欧姆定律和并联电路的特点，可以得到：

$$I_g R_g = R(I - I_g)$$

对某一电流表而言，R_g 和 R 是固定不变的，所以通过表头的电流与被测电流成正比。根据这一正比关系对电流表标度尺进行刻度，就可以指示出被测电流的大小。

如果用 n 表示量限扩大的倍数，即 $n = I/I_g$，由满偏时的关系式可得：

$$R = \frac{R_g}{n - 1}$$

上式表明，将表头的电流量限扩大 n 倍，则分流电阻 R 的阻值应为表头内阻的（$n-1$）分之一，即量限扩大的倍数越大，分流电阻的阻值就越小。当确定表头及需要扩大量限的倍数以后，即可计算出所需要的分流电阻的阻值。

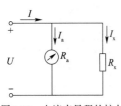

图 2-30 电流表量程的扩大

【例 2-7】 一块电流表，如图 2-30 所示，其磁电式表头量程为 $I_a = 40\mu A$，内阻为 $R_a = 3.75k\Omega$。该电流表量程为 $I = 1mA$ 的电流，请问并联电阻 R_x 的电阻值为多少？

解：根据并联电路的特点，可在电流表回路中并联一个分流电阻 R_x，如图 2-30 所示。可得：

$$U = I_a R_a = I_x R_x = (I - I_a) R_x$$

$$R_\mathrm{x} = \frac{I_\mathrm{a}R_\mathrm{a}}{I - I_\mathrm{a}} = \frac{40}{1000-40} \times 3750 = 156.25(\Omega)$$

七、复杂电路的相关名词

1. 节点

三个或三个以上元件的连接点称为节点,如图 2-31 中的 a 点和 b 点。

2. 支路

连接于两个节点之间的一段电路称为支路,如图 2-31 中的 acb、adb、aeb 都是支路。在同一支路中,流过各元件上的电流相等。根据支路中是否含有电源,又分为有源支路和无源支路,显然图 2-31 中的 acb、adb 是有源支路,而 aeb 则是无源支路。

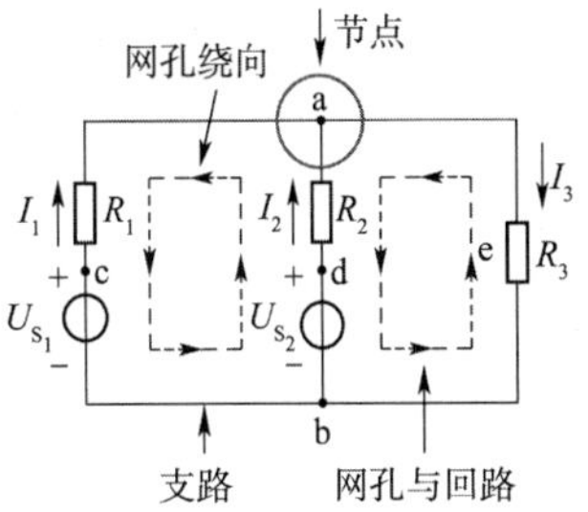

3. 回路

由支路构成的闭合路径称为回路。图 2-31 中共有三个回路:acb-da、adbea、acbea。

4. 网孔

内部不包含支路的回路称为网孔。图 2-31 中只有两个网孔:acb-da 和 adbea,而 acbea 则不是网孔。

图 2-31 电路术语

八、基尔霍夫电压定律

基尔霍夫电压定律简称 KVL,它是用来确定回路中各段电压间关系的。KVL 的内容是:任一时刻,沿任一回路绕行(顺时针方向或逆时针方向)一周(图 2-32),各元件上电压的代数和恒为零,即:

$$\sum U = 0$$

规定沿绕行方向若电势升高,则元件电压前取"+"号;否则,元件电压前取"-"号。

对于图 2-32 电路,列出 KVL 方程为:

$$E_2 - E_1 - I_1R_1 + I_2R_2 - I_3R_3 = 0$$

移项得:

$$E_2 - E_1 = I_1R_1 - I_2R_2 + I_3R_3$$

即:

$$\sum E = \sum(IR)$$

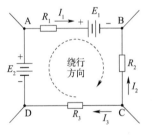

图 2-32 电路的一个回路

上式是基尔霍夫电压定律的另一种形式,它可以表述为:任一时刻,沿任一回路的绕行方向,回路中各电动势的代数和恒等于各电阻上电压降的代数和。在此,若电动势的方向与回路的绕向一致,则电动势取"+"号;否则,取"-"号。若电流的参考方向与回路的绕行方向一致,则该电流在电阻上产生的电压降取"+"号,否则,取"-"号。

【例 2-8】 图 2-33 所示电路,各支路的元件是任意的。已知电压 $U_1 = 1\mathrm{V}$,$U_2 = -5\mathrm{V}$,$U_3 = 2\mathrm{V}$,求 U_4。

解:由 $\sum U = 0$ 及其符号法则,得:

$$-U_1 - U_2 + U_3 + U_4 = 0$$

代入数据有:

$$-(1) - (-5) + 2 + U_4 = 0$$

解得:

$$U_4 = -6(\text{V})$$

U_4 为负值,说明其实际方向与电路的参考方向相反。

基尔霍夫电压定律不仅适用于电路中的任一闭合回路,还可以推广到任一假想的闭合回路中。但是,列方程时必须将开口处的电压列入方程中。如图 2-34 所示电路中,a、b 两点间是断开的,假设 a、b 两点间的电压为 U,则整个电路可以看成一个闭合回路。选择回路的绕行方向为逆时针,根据 KVL 得:

$$E = IR + U$$

即:

$$U = E - IR$$

九、基尔霍夫电流定律

基尔霍夫电流定律简称 KCL,它是用来确定连接在电路中同一节点上各支路电流间关系的。根据电流的连续性原理,电路中任一点(包括节点在内)均不能堆积电荷。因此,在任一瞬间,流入某一节点的电流之和应该等于流出该节点的电流之和,即:

$$\sum I_\text{入} = \sum I_\text{出}$$

式中:$\sum I_\text{入}$——流入节点的电流之和,A;

$\sum I_\text{出}$——流出节点的电流之和,A。

在图 2-35 中,对于节点 A,可以列出:

$$I_1 + I_2 = I_3 + I_4$$

将上式移项得:

$$I_1 + I_2 - I_3 - I_4 = 0$$

即:

$$\sum I = 0$$

上式是基尔霍夫电流定律的另一种形式,它可以表述为:任一时刻,流过电路中任一节点所连接的各支路电流的代数和恒等于零。通常规定流入节点的电流前取"+"号,流出节点的电流前取"-"号。

【例 2-9】 图 2-35 所示电路,已知:$I_1 = 3\text{A}, I_2 = 2\text{A}, I_3 = -1\text{A}$,试求 I_4。

解:根据 KCL 得:

$$I_1 + I_2 - I_3 - I_4 = 0$$

代入数据得:

$$3 + 2 - (-1) - I_4 = 0$$

解得:

$$I_4 = 6(\text{A})$$

I_4 为正值,说明 I_4 实际方向与参考方向一致,为流入节点 A。

KCL 不仅适用于电路中的一个节点,而且对于包围 n 个节点的闭合面也适用。如图 2-36 所示,闭合面包围了 A、B、C 三个节点。则对闭合面 S 而言,可以看成一个广义节点,列写节点电流方程为:

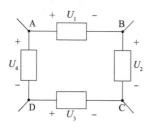
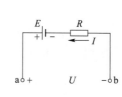
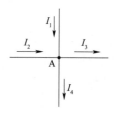

图 2-33 【例 2-8】电路　　图 2-34 假想的闭合回路　　图 2-35 电路的一个节点 A

$$I_1 + I_2 + I_3 = 0$$

若已知 $I_1 = 1\text{A}, I_3 = 2\text{A}$，则：

$$I_2 = -(I_1 + I_3) = -(1+2) = -3(\text{A})$$

I_2 为负值，说明 I_2 的实际方向与图示电路的参考方向相反。

【例2-10】 三极管共有三个电极，即集电极 c，基极 b 和发射极 e，如图2-37所示，通过三个极的电流的参考方向已标出，已知 $I_b = 1\text{mA}, I_e = 50\text{mA}$，则 I_c 是多少？

解：选择三极管为一个闭合面 S，根据 KCL 的推广，得：

$$I_c + I_b - I_e = 0$$

即：

$$I_c = I_e - I_b = 50 - 1 = 49(\text{mA})$$

基尔霍夫电流定律说明了电流在电路中任一处都是连续的，电流只能在闭合电路中流动，当一个电路与另一个电路仅有一条支路相连时，该支路中就没有电流。图2-38所示电路中，R_3 支路中就没有电流通过。

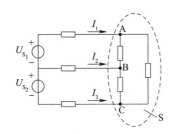
图2-36 KCL的推广

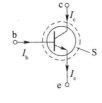
图2-37 例【2-10】电路图

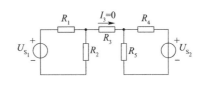
图2-38 KCL的应用

知识拓展

支路电流法是分析计算复杂直流电路的基本方法。它是以各支路电流为未知量，根据 KCL、KVL 分别列出独立节点电流方程和独立回路（网孔）电压方程，联立方程，解方程组，求出各支路电流的分析计算方法。

支路电流法的解题步骤：

(1) 在电路图中，任意标出各支路电流的参考方向和各网孔的绕行方向。

(2) 根据基尔霍夫电流定律列出独立节点电流方程。

如果电路中有 n 个节点，则只需列写 $(n-1)$ 个独立节点电流方程。

(3) 根据基尔霍夫电压定律列出独立回路电压方程。

如果电路有 b 条支路，n 个节点，则只需列写 $[b-(n-1)]$ 个独立回路电压方程，即网孔电压方程。

(4) 联立方程组，代入已知量。

(5) 解方程组，求出各支路电流。

【例2-11】 图2-39所示电路，已知 $E_1 = 140\text{V}, E_2 = 90\text{V}, R_1 = 20\Omega, R_2 = 5\Omega, R_3 = 6\Omega$。试求各支路电流 I_1、I_2、I_3。

解：(1) 标出各支路电流的参考方向和各网孔的绕行方向，如图2-39所示。

(2) 根据 KCL，列出独立节点电流方程。电路中只有两个节点 a、b，只需列出一个节点的节点电流方程。对于节点 a，由 $\sum I = 0$ 及其符号法则，得：

$$I_1 + I_2 - I_3 = 0 \quad ①$$

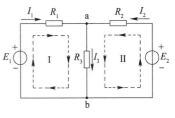
图2-39 例【2-11】电路

(3) 根据 KVL，列出独立回路电压方程。电路中有三个回路，但独立回路数与网孔数相等,只有两个,因此通常选择网孔作为独立回路。对于网孔 Ⅰ、Ⅱ,由 $\sum E = \sum (IR)$ 及其符号法则,得:

$$E_1 = I_1 R_1 + I_3 R_3 \quad ②$$
$$E_2 = I_2 R_2 + I_3 R_3 \quad ③$$

(4)将方程①、②、③联立,代入电动势和电阻值,可得:

$$\begin{cases} I_1 + I_2 - I_3 = 0 \\ I_1 R_1 + I_3 R_3 - E_1 = 0 \\ I_2 R_2 + I_3 R_3 - E_2 = 0 \end{cases}$$

代入数据,得:

$$\begin{cases} I_1 + I_2 - I_3 = 0 \\ 20 I_1 + 6 I_3 - 140 = 0 \\ 5 I_2 + 6 I_3 - 90 = 0 \end{cases}$$

(5)解上述方程组,求出各支路电流分别为:

$$I_1 = 4\text{A}, I_2 = 6\text{A}, I_3 = 10\text{A}$$

笔记区

2.3.5 任务实施

技能训练 2-3

班级		姓名		日期	
同组人					

 **工作准备**

▶ 谈一谈

你见过哪种电阻？

▶ 认一认

认识电阻（图2-40）。

 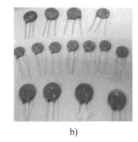 

a)　　　　　　　　　　　b)　　　　　　　　　c)

图 2-40　电阻外观

▶ 写一写

1. 电阻器的主要参数有_____、_____、_____。
2. 电阻器参数的识别方法有_____、_____、_____。
3. 三个或三个以上元件的连接点称为_____；两个节点之间的一段电路称为_____；由支路构成的闭合路径称为_____；内部不包含支路的回路称为_____。
4. 基尔霍夫电压定律简称_____，其内容是_____，数学表达式为_____。
5. KVL不仅适用于电路中的任一闭合回路，还可以推广到任一_____的闭合回路中。但是，列方程时必须将开口处的_____列入方程中。
6. 电阻并联电路的特点和性质。

（1）并联电路的基本特点：

①并联电路中各电阻两端电压_____。

②并联电路中的总电流等于各电阻电流之_____。

（2）并联电路的两个重要性质：

①并联电路总电阻的倒数等于各分电阻_____。

②并联电路中各电阻的电流与它的电阻值成_____比。

（3）基尔霍夫电流定律又叫_____，简称_____。内容为_____，数学表达式_____。

（4）从单量限电流表的制作过程中我们知道，电流表实际上是由_____和_____组成的并联电路。

（5）电流表应_____联在被测电路中。

7. 应用公式 $\sum I = 0$ 列方程时,通常规定流入节点的电流前取"_____"号,流出节点的电流前取"_____"号。

▶ **算一算**

1. 有一根铜芯电线(电阻率为 $0.0175\Omega \cdot mm$),已知长度为 1000m,在 20℃ 时测得电阻为 6.76Ω,问该电线的截面积是多少?

2. 应用 KVL 计算:

(1)图 2-41a)所示电路,已知: $U_1 = 1V, U_2 = -3V, U_4 = 8V$,则 $U_3 = $ _____。

(2)图 2-41b)所示电路,已知 $E_1 = 12V, E_2 = 3V, R_1 = R_2 = 1\Omega$,则回路电流 $I = $ _____。

(3)图 2-41c)所示电路,已知 $E = 3V, R = 0.5\Omega, I = 2A$,则端口电压 $U = $ _____。

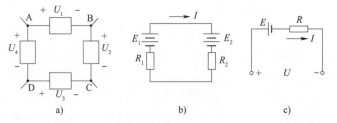

图 2-41 计算题电路图

3. 应用 KCL 计算:

(1)图 2-42a)所示电路中,已知 $I_1 = 2A, I_2 = -1A, I_3 = 4A$,则 $I_4 = $ _____。

(2)图 2-42b)所示电路中,已知 $I_b = 1mA, I_e = 120mA$,则 $I_c = $ _____。

(3)图 2-42c)所示电路中,电流 $I = $ _____。

▶ **查一查**

查一查色环法识读电阻值的方法,并在图 2-43 上标出各环的含义。

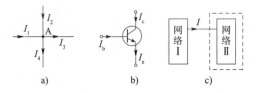 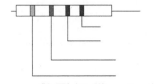

图 2-42 相关电路　　　　图 2-43 四色环电阻器示意图

实施步骤

1. 每个实验台上放有 5 个色环电阻,检查电阻的好坏;仔细观察电阻上的色环,根据色环颜色,写出电阻标称值,再用万用表电阻挡测量每个电阻阻值,并将选择的倍率和测量值结果填入表 2-13,对测量值和标称值进行比较。

测量电阻值　　　　　　　　　　　　　　　　　表 2-13

序号	1	2	3	4	5
标称值					
允许偏差					
测量值					
倍率					

2. 设计单量限电压表。

(1) 计算分压电阻。

一磁电式测量机构,其满偏电流 $I_g = 10000\mu A$,电流表内阻 $R_g = 300\Omega$,欲制成量程为 300V 的电压表,串联的分压电阻 R_f 为_____。

(2) 确定附加电阻的参数,将上面给的参数填写到表 2-14 中。

单量限电压表参数　　　　　　　　　　　　　　　　表 2-14

物理量	U_g	R_g	U	R_f
参数				

(3) 画出设计图并在图中标出相关参数。

3. 并联电路测量。

按图 2-44 连接电路,其中电阻 $R_1 = 200\Omega$, $R_2 = 2000\Omega$。调节直流稳压电源使输出电压为 8V。测量电路中各支路电流为:$I_1 = $ _____ A, $I_2 = $ _____ A, $I = $ _____ A。测量电阻 R_1 两端电压为_____ V,R_2 两端电压为_____ V。

通过上面的测量可以知道:并联电路电压都_____,各支路电流与总电路电流之间的关系为_____。如果用公式表示,则可写成:_____。并联电路中各支路电流的大小与其电路中的电阻值成_____比。

图 2-44　并联电路的研究

如果用总电压除以总电流就可以得到整个电路的总电阻,这个电阻称为等效电阻。图 2-44 的等效电阻为_____ Ω。可以知道并联电路的等效电阻要比每个并联的电阻都_____(大或小)。

用直流电流表分别测量支路电流 I_1、I_2、I。记录直流电流表示数,将结果填入表 2-15 中,并完成表中的其他内容。

支路电流测量数据　　　　　　　　　　　　　　　　表 2-15

测量数据(mA)			计算数据(mA)
I_1	I_2	I	$I = I_1 + I_2$

2.3.6　学习评价

任务 2.3 学习评价表如表 2-16 所示。

任务 2.3 学习评价表　　　　　　　　　　　　　　　表 2-16

序号	项目		评价要点	分值(分)	得分
1	色环法识读电阻	万用表使用	正确选表、选倍率	7.5	
			正确读数	5	
		色环法识读	正确识读	7.5	
			填表整洁	5	
2	仪器仪表使用	电压表	正确连接电压表	2.5	
			正确选择量程	2.5	
		稳压电源	正确调节电压输出	5	
			指针及时回零	5	

续上表

序号	项目		评价要点	分值(分)	得分
3	仪器仪表使用	电压表	正确连接电压表	5	
			正确选择量程	7.5	
		电流表	正确连接电流表	5	
			正确选择量程	5	
			正确使用插塞	2.5	
		稳压电源	正确调节电压输出	7.5	
			指针及时回零	7.5	
4	安全、规范操作		操作安全、规范	5	
			表格填写工整	5	
5	5S现场管理		工作台面整洁干净	5	
			工具仪表归位放置	5	
总分				100	

低压电工证考试训练题

一、填空题

1. 电阻是表示物体对_____的物理量。

2. 电阻器的标注方法一般有三种,即_____、_____和_____。

3. 金属导体的电阻值不仅与导体的材料有关,还与导体的_____以及_____有关。

4. 一根长50m,截面积为$4mm^2$的铝导线(铝的电阻率取$0.0294\Omega \cdot mm$),它的电阻是_____;若将它截成等长的两段,则每段的电阻值是_____。

5. 有一根粗细均匀的导线,电阻值为9Ω,若把它均匀拉长为原来的3倍,则这时的电阻值为_____Ω。

6. 严禁在被测电阻_____的情况下测量,否则万用表会因通过大电流而_____。

7. 若被测电阻有并联支路,应将被测电阻从电路中_____后再测量。

8. 两只手不能同时接触两根表笔的_____部分或被测电阻两根_____,最好用右手同时持两根表笔。

9. 测量完毕后,应将转换开关置于_____或_____上,以避免下次使用时误用欧姆挡去测电压。

10. 电阻串联电路的特点和性质。

串联电路的基本特点:

①串联电路中各处的电流_____。

②串联电路两端的总电压于各分电压之_____。

串联电路的两个重要性质:

①串联电路总电阻于各分电阻之_____。

②串联电路中各电阻两端的电压与它的电阻值成_____比。

串联电路在实际电路中的主要用途:

①用于_____,以解决线路电流大于负载额定电流之间的矛盾。

②用于_____,以解决电源电压高于负载额定电压之间的矛盾。

11. 电压表扩大量程原理:为了测量较高的电压,通常采用与电流表_____分压电阻的方法。

二、判断题(正确画√,错误画×)

1. 并联电路中各支路上的电流也一定相等。（　　）
2. 串联电路中各元件上的电流必定相等。（　　）
3. 当电阻一定时,电阻上消耗的功率与其两端电压的成正比,或与通过电阻上电流的二次方成正比。（　　）
4. 电流通过导体所产生的热量与通过导体电流的二次方、导体电阻以及通电时间成正比。（　　）
5. 电压是指电路中任意两点之间电势差,与参考点的选择有关。（　　）
6. 两个并联电阻的等效电阻的电阻值小于其中任一个电阻的电阻值。（　　）
7. 在并联电路中,电阻值大的分配到的电流大,电阻值小的分配到的电流小。（　　）
8. 在串联电路中,电阻值大的分配到的电压高,电阻值小的分配到的电压低。（　　）
9. 部分电路的欧姆定律:当电阻值不变时,流过该段电路的电流与这段电路两端的电压成正比,与这段电路上的电阻成正比。（　　）
10. 由其他形式的能量转换为电能所引起的电源正、负极之间存在的电势差,叫作电动势。（　　）

三、单选题

1. 部分电路欧姆定律的表达式是(　　)。
   A. $I=U/R$　　　B. $I=UR$　　　C. $U=I/R$　　　D. $R=UI$
2. 电功率的单位符号是(　　)。
   A. A　　　B. V·A　　　C. W　　　D. kW·h
3. 电流的单位符号是(　　)。
   A. A　　　B. mV　　　C. W　　　D. F
4. 电势的单位符号是(　　)。
   A. A　　　B. V　　　C. W　　　D. ％
5. 电压的单位符号是(　　)。
   A. A　　　B. V　　　C. J　　　D. kW
6. 全电路欧姆定律的表达式是(　　)。
   A. $I=E/R+R_0$　　B. $U=IR_0$　　C. $U=E+IR_0$　　D. $I=(U-E)/R_0$
7. 应用磁电式电流表测量直流大电流,可以(　　)扩大量程。
   A. 并联分流电阻　　　　　B. 串联电阻
   C. 应用电流互感器　　　　D. 调整反作用弹簧
8. 应用磁电式电压表测量直流高电压,可以(　　)扩大量程。
   A. 并联电阻　　　　　　　B. 串联分压电阻
   C. 应用电压互感器　　　　D. 调整反作用弹簧
9. 导线电阻率的单位符号是(　　)。
   A. W　　　B. Ω·mm　　　C. Ω/m　　　D. VA
10. 电动势的单位符号是(　　)。
    A. A　　　B. V　　　C. C　　　D. kW

四、计算题

1. 有一捆铜芯电线,已知长度为1000m,在20℃时测得电阻为6.76Ω,电阻率为0.01851Ω·mm²/m 该电线的截面积是多少?

2. 某电路中电源产生的功率是 30W，输出电压是 6V，试计算电路中的电流是多少？

3. 一磁电式测量机构，其满偏电流 $I_g = 100\mu A$，电流表内阻 $R_g = 2000\Omega$，欲制成量程为 50V 的电压表，串联的分压电阻 R_f 为_____。

五、讨论题

1. 用万用表欧姆挡测电阻时，如何选择倍率？

2. 用万用表欧姆挡测量电阻之前，为什么要进行欧姆调零？

3. 测量完毕后，应将万用表的转换开关置于哪个挡位？为什么？

项目 3
万用表基础知识

项目引入

万用表是一种多功能、多量程的便携式电工电子仪表,一般的万用表可以用来测量直流电流、直流电压、交流电压和直流电阻等。有些万用表还可以测量电容、电感、交流电流和晶体管参数等。所以,万用表是电工电子专业的必备仪表之一。万用表一般可分为数字式万用表(图 3-1)和指针式万用表(图 3-2)两种。万用表的组装与调试包括导线和元器件的焊接、整机组装和调试等。

图 3-1　数字式万用表　　图 3-2　指针式万用表

万用表由测量机构(表头)、测量线路和转换开关组成。其中测量线路部分是最主要的,包括直流电流挡、直流电压挡、交流电压挡、欧姆挡和三极管放大倍数测量五部分电路。要完成万用表的组装与调试,需要先分析、识读电路原理图,然后安装电路板,也就是完成导线、电阻、电容和二极管等元器件的识别和焊接,再进行整机组装,把电路板和电流表进行连接,装转换开关,扣上后盖,最后进行万用表调试。

请整理万用表的组装与调试流程,填入图 3-3。

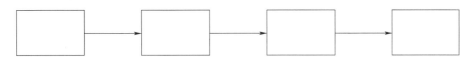

图 3-3　万用表的组装与调试流程

项目目标

1. 进一步了解万用表的结构及工作原理。
2. 熟悉万用表的测量电路及元器件的作用。
3. 理解焊接、装配、调试工艺技术要求,掌握各工艺技术。
4. 了解焊接工具的使用方法。
5. 认识基本的焊接工具。
6. 熟悉基本的焊接方法。
7. 会识读万用表的结构原理图。
8. 掌握焊接的基本知识和焊接工艺。
9. 学会万用表的装配和调试工艺。
10. 能正确判断万用表常见故障。
11. 能使用万用表检测电阻值、判断二极管的极性和电解电容的极性。
12. 具有自主学习能力、交流沟通能力、运算能力和分析并解决问题的能力。
13. 具有查阅资料、收集信息的能力,具有良好的团队精神。
14. 养成良好的职业规范和职业道德。
15. 能做好 5S 现场管理。

班级_____ 姓名_____ 学号_____ 日期_____

任务 3.1　万用表结构与技术参数识读

3.1.1　任务描述

本任务引导学习者了解万用表结构与技术参数的识读方法；理解相对误差、绝对误差和引用误差的含义，掌握仪表的相对误差、绝对误差和引用误差；掌握使用万用表测量直流电压、直流电流和直流电阻的方法。

3.1.2　任务目标

▶ 知识目标

1. 了解磁电式测量机构的结构、工作原理。
2. 了解磁电式仪表的主要技术特性。
3. 理解相对误差、绝对误差和引用误差的含义。

▶ 能力目标

1. 能识读磁电式测量机构的结构组件。
2. 能识别万用表各部分名称。
3. 会使用万用表测量相关物理量。
4. 会计算相对误差、绝对误差和引用误差。

▶ 素质目标

1. 具备自主学习能力、实际操作能力、交流沟通能力。
2. 养成良好的职业习惯。
3. 能做好 5S 现场管理。

3.1.3　学习场地、设备与材料、课时数建议

学习场地

多媒体教室及实训室。

设备与材料

主要设备与材料如表 3-1 所示。

主要设备与材料　　　　　　　　　　表 3-1

示意图	
名称	MF-47 型万用表

课时数

2 课时。

3.1.4 知识储备

一、万用表面板功能

万用表是一种多功能、多量程的测量仪表。它不仅可以方便地测量交直流电压、直流电流，还可以测量直流电阻。有的万用表还可测量电容、电感、音频电平及晶体管参数等。它还具有携带方便的优点。但万用表精度不高，误差率为 2.5%～5%，故不宜用于精密测量。

图 3-4 是 MF-47 型万用表。它采用高灵敏度设计，共有 26 挡基本量程和 7 个附加量程，使用方便，范围宽广。其直流电流的挡位有 0、0.05mA、0.5mA、5mA、50mA、500mA、5A；直流电压的挡位有 0、0.25V、1V、2.5V、10V、50V、250V、500V、1000V；交流电压的挡位有 0、10V、50V、250V、500V、1000V；直流电阻的挡位有 ×1、×10、×100、×1k、×10k。此外还可以测量电感、电容等。

MF-47 型万用表造型大方，设计紧凑，结构牢固，携带方便，零部件均选用优良材料并进行工艺处理，具有良好的电气性能和机械强度。

二、万用表的结构

万用表主要由三部分组成：测量机构（也称表头）、转换装置、测量电路。

1. 测量机构

测量机构部分由磁电式直流微安表组成，测量机构刻度盘有多种量程刻度，其作用是通过测量机构刻度及指针指示出被测电量的大小。MF-47 型万用表的测量机构满偏电流为 50μA，电压表内阻≤1.7kΩ。

磁电式测量机构由两部分组成：

一是固定部分，包括永久磁铁、极掌、圆柱铁芯。

二是可动部分，包括可动线圈、两个游丝、指针。

2. 转换装置

转换装置如图 3-5 所示，由转换开关、旋钮、插孔等组成，作用是把万用表电路转换为所需要的测量种类与量程。

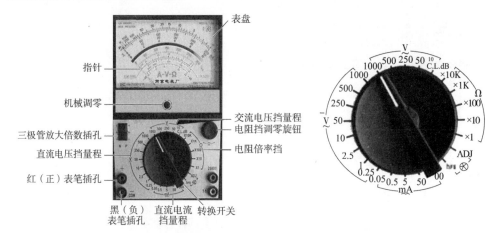

图 3-4　MF-47 型万用表　　　　　　图 3-5　转换装置

3. 测量电路

测量电路由分压电阻、分流电阻、整流装置等组成。其主要作用是将被测电量转换成适合电压表指示用的电量。图 3-6 所示为 MF-47 型万用表测量电路。

三、磁电式测量机构

1. 磁电式测量机构的组成

磁电式测量机构由固定和可动两部分组成。固定部分包括永久磁铁、极掌、圆柱形铁芯,永久磁铁的极掌与圆柱形铁芯被加工安装成同心的,这样使得它们之间形成磁场均匀的环形工作气隙。

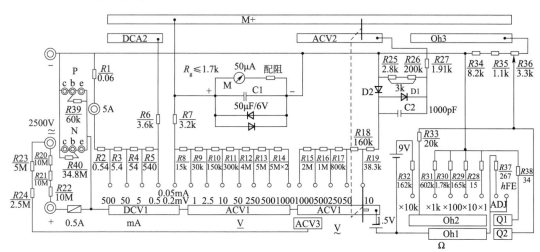

图 3-6　MF-47 型万用表测量电路

可动部分由绕在铝框上的可动线圈、两个游丝、指针等组成。整个可动部分支承在轴承上,可动线圈位于环形工作气隙中,线圈的两端装有两个半轴,铝框、指针和游丝都固定在转轴上,两个游丝的螺旋方向相反,它们的一端固定在转轴上,并分别与线圈的两个端头相连,所以游丝不但用来产生反作用力矩,还用来作为将电流导入线圈的引线。图 3-7 为磁电式测量机械实物图。

2. 磁电式测量机构的工作原理

如图 3-8b)所示,当直流电流通过动圈时,动圈受到磁场力发生偏转。动圈的转动力矩与电流的大小成正比。而转矩的方向则决定于电流流入线圈的方向。在转矩作用下,可动部分发生偏转,引起游丝扭转而产生反作用力矩,而反作用力矩与动圈的偏转角成正比。当转动力矩与反作用力矩平衡时,指针将停留在某一个稳定位置上。流入线圈的电流越大,转动力矩就越大,与之平衡的反作用力矩越大,指针的偏转角越大。由此可知,指针的偏转角与被测电流的大小成正比。

图 3-9 中,R_g 是电压表的内阻,当指针偏转到最大刻度时的电流 I_g 叫作满偏电流。此时加在表两端的电压 U_g 叫作满偏电压。由欧姆定律可知:$U_g = R_g I_g$。

3. 磁电式仪表的主要技术性能

(1)主要优点。

①准确度高。

磁电式仪表的准确度可达 0.1 级至 0.05 级。

②灵敏度高、内部功率损耗小。

磁电式仪表的灵敏度高,可以测出很弱的电流。由于通过仪表测量机构的电流很小,所以内部功率损耗小。

a) 万用表

b) 直流电压表

图 3-7　磁电式测量机构实物图

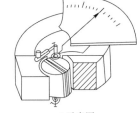

a) 示意图　　b) 工作原理

图 3-8　磁电式测量机构

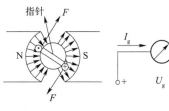

图 3-9　磁电式电压表

③标尺刻度均匀,便于读数。

磁电式仪表测量机构指针的偏转角与被测电流的大小成正比,因此仪表的刻度是均匀的,便于读数。

④受外磁场的影响小。

因为磁电仪表在结构上采用了永久磁铁,而且气隙比较小,所以气隙中的磁场很强,不易受外界磁场的干扰。

(2)主要缺点。

①过载能力小。

电流通过的游丝、张丝或悬丝都很细小,而过载会因为过热引起它们的弹性变化。另外,动圈的导线也很细,过载也容易引起导线烧断而使动圈损坏。

②不能直接测量交流量。

由于永久磁铁的磁场的大小及方向都是恒定的,动圈中通入正弦交流电时,产生大小和方向随时间按正弦规律变化的转动力矩,其平均值为零,不能引起可动部分的偏转。

③结构复杂,成本较高。

四、仪表的误差与准确度

用任何仪表测量时,仪表指示值和被测量的实际值之间总会有一些差别,这个差别就叫作仪表的误差。仪表的准确度则是用误差的大小来说明指示值与实际值的符合程度。误差越大,准确度越低。

1. 仪表误差的分类

(1)基本误差。基本误差是指仪表在正常工作条件下,由于仪表本身制造工艺及结构的不完善而产生的误差,如摩擦力大、刻度尺不准等。

(2)附加误差。附加误差是因外界因数变化影响而产生的,如环境温度、频率、外界磁场干扰等。

2. 误差的表示方法

(1)绝对误差。绝对误差是指仪表的测量值 A 与被测量实际值 A_0 之间的差值。用符号 Δ 表示,即:

$$\Delta = A - A_0$$

(2)相对误差。测量不同大小的被测量值时,用绝对误差难以比较测量结果的准确程度,这时要用相对误差 γ。相对误差为绝对误差比上被测量的实际值。绝对误差不能表示仪表的准确度,相对误差能表示仪表的准确度,通常用百分数表示,即:

$$\gamma = \frac{\Delta}{A_0} \times 100\%$$

【例3-1】 一块电压表实际值 $U_{01} = 100V$,测量值 $U_1 = 101V$;实际值 $U_{02} = 20V$,测量值 $U_2 = 20.8V$。其绝对误差和相对误差各是多少?

解: 绝对误差为:

$$\Delta_1 = U_1 - U_{01} = 101 - 100 = 1(V)$$

相对误差为:

$$\gamma_1 = \frac{\Delta_1}{U_{01}} \times 100\% = \frac{1}{100} \times 100\% = 1\%$$

绝对误差为:

$$\Delta_2 = U_2 - U_{02} = 20.8 - 20 = 0.8(V)$$

相对误差为:

$$\gamma_2 = \frac{\Delta_2}{U_{02}} \times 100\% = \frac{0.8}{20} \times 100\% = 4\%$$

显然,测量20V时绝对误差小,相对误差大,即误差占实际值的比例较大,所以误差的影响也大于测量100V时。相对误差更能说明误差的大小。

从上文也看出,测量时读数越接近满刻度,相对误差越小。相对误差虽然能说明不同测量数值的准确度,但值的差异很大。同一个仪表的基本误差一般不会变化太大,所以相对误差不能完全说明仪表的准确度。由此引入一个引用误差的概念。

(3)引用误差。引用误差是绝对误差 Δ 与仪表上限 A_m 的比值的百分数,即:

$$\gamma_m = \frac{\Delta}{A_m} \times 100\%$$

【例3-2】 量程为150V的电压表,测量100V电压时指示为101V;测量20V时指示为20.8V。两次测量的引用误差各是多少?

引用误差为:

$$\gamma_{m1} = \frac{\Delta_1}{U_{m1}} \times 100\% = \frac{101-100}{150} \times 100\% = 0.66\%$$

$$\gamma_{m2} = \frac{\Delta_2}{U_{m2}} \times 100\% = \frac{20.8-20}{150} \times 100\% = 0.53\%$$

两者差异不大,所以引用误差能较好地反映仪表的准确等级和基本误差。

3. 仪表的准确度等级

仪表的准确度是用来反映仪表的基本误差的。上文已说明,引用误差可以较好地反映仪表的基本误差,所以仪表的准确度用引用误差表达。如果将仪表标尺上各点的引用误差都列出来,以说明仪表的准确度,是不方便的。

所以通常用正常工作条件下出现的最大引用误差来表示仪表的准确度。准确度越高的仪表,在正常工作条件下可能出现的最大引用误差越小。

我国生产的电工仪表的准确度,分为七个等级,即0.1级、0.2级、0.5级、1.0级、1.5级、2.5级和5.0级。各级仪表用允许基本误差不超过表3-2中的规定。

由表3-2可见,准确度等级的数字越小,允许的基本误差越小,表示仪表的准确度越高。通常0.1级、0.2级仪表用作标准表,用以检定其他准确度较低的仪表;0.5级、1.0级、1.5级仪表用于实验;1.5级、2.5级、5.0级仪表用于工程。

 知识拓展

万用表使用注意事项

使用万用表时,必须注意以下几点。

1. 正确选择被测量对象及其量程的挡位

万用表的测量对象多、量程多,使用时一定要注意调准转换开关的测量挡位,否则可能损坏仪表。如果不知道被测量是交流还是直流,可先用交流挡试测。如果不知道被测电压和电流的大小范围,则应从大量限试起,然后逐渐减小量程。使用万用表测量电压、电流时,应尽可能选择量程使仪表的指示值超过所用仪表标尺的一半。

每次测量完毕后,应将转换开关置于交流电压最高挡或空挡上,以避免下次使用时误用欧姆挡或直流电流挡去测电压,否则万用表会因通过大电流而烧毁。万用表若长期不用,应将电池取出,以防电池腐蚀表内其他元件。

2. 接线要正确

测电流时,仪表应和被测支路串联,使被测电流流过万用表;测电压时,仪表应和被测电路并联,被测电压加在仪表两端。

3. 操作要正确

使用万用表要胆大心细,使用前做到心中有数,并且注意:

(1)不能在通电情况下切换转换开关,以防烧坏开关触点。

(2)测量直流高电压时要有足够的绝缘及相应的技术措施(如操作人员应穿绝缘靴并站在绝缘垫上)。

4. 读数要正确

万用表有多条刻度线,一定要认清该读的刻度线,读数时视线要与表盘垂直。

各级仪表的允许基本误差　　　　表3-2

仪表的准确度等级(级)	0.1	0.2	0.5	1.0	1.5	2.5	5.0
允许基本误差(%)	±0.1	±0.2	±0.5	±1.0	±1.5	±2.5	±5.0

笔记区

3.1.5 任务实施

技能训练 3-1　万用表结构与技术参数识读

班级		姓名		日期	
同组人					

工作准备

▶ 写一写

1. 在图 3-10 中填写各部分的名称(指针、圆柱形铁芯、永久磁铁、极掌、线圈、螺旋弹簧)。
2. 磁电式测量机构指针的偏转角与被测电流的大小成_____比。
3. 磁电式仪表的主要技术参数都有哪些?_____
4. 已知图 3-11 中磁电式电压表的内阻为 R_g,满偏电流为 I_g,则该电压表的满偏电压 U_g = _____。

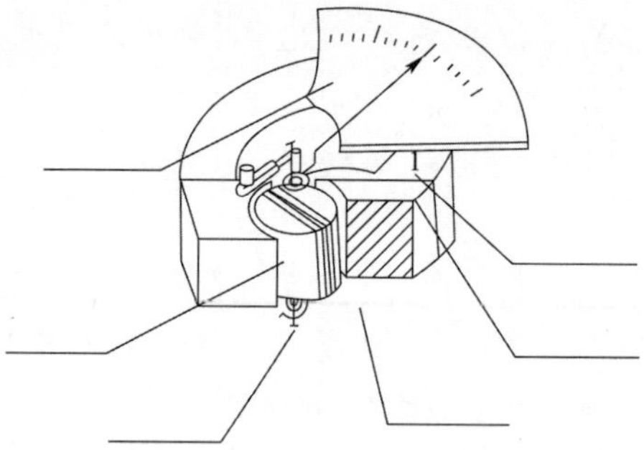

图3-10　磁电式测量机构结构图(请填写各部分的名称) 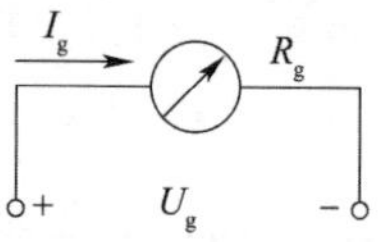　　图3-11　磁电式电压表

5. 使用万用表测直流电压时应将表_____(串或并)联在负载两端。红表笔接_____(正或负)极,黑表笔接_____(正或负)极。
6. 电工测量指示仪表的误差分为_____、_____两类。
7. 仪表误差的大小可用_____、_____和_____表示。
8. 有一块量程为 30V 的电压表,用其测量真实值为 20V 电压时指示为 20.5V,则此次测量的绝对误差是_____,相对误差是_____,引用误差是_____。
9. 测量 220V 的电压,现在有两块表:①量限 600V、0.5 级;②量限 250V、1.0 级。为了减小测量误差,应选用哪块表?

实施步骤

1. 图 3-12 是 MF-47 型万用表挡位开关面板图,写出各序号代表的名称。
①是_____的各挡位;②是_____的各挡位;③是_____的各挡位;④是_____的各挡位;⑤是_____;⑥是_____;⑦是_____;⑧是_____;⑨是_____。

图 3-12　MF-47 型万用表挡位开关面板图

2. 用万用表欧姆挡测量定值电阻的阻值，完成表 3-3。

定值电阻的测量　　　　　　　　　　　　　表 3-3

被测电阻标准值	1Ω	51Ω	620Ω	1300Ω
倍率				
读数				
测量值				

3. 用万用表直流电压挡和直流电流挡分别测量图 3-13 电路中的电压和电流，完成表 3-4。先按图 3-13 将一块万用表作为电压表并联在电源两侧，将一块万用表作为电流表串联在电路中，连接完该电路后，逐渐增大输出电压，观察两块表的读数。

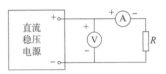

图 3-13　万用表测量电压和电流

万用表测量电压和电流　　　　　　　　　　表 3-4

给定值	$R = 200Ω$			
电压(V)	1.5	7	15	26
电流(mA)				

3.1.6　学习评价

任务 3.1 学习评价表如表 3-5 所示。

任务 3.1 学习评价表　　　　　　　　　　表 3-5

序号	项目		评价要点	分值(分)	得分
1	万用表欧姆挡的使用	挡位选择	欧姆挡位选择正确	8	
		倍率选择	欧姆挡倍率选择正确	8	
		读数	读数正确	8	
		记录数据	记录数据正确，单位无误	8	
2	万用表直流电压挡的使用	挡位选择	直流电压挡位选择正确	8	
		量程选择	直流电压挡选择正确	8	
		读数	读数正确	8	
3	万用表直流电流挡的使用	挡位选择	直流电流挡位选择正确	8	
		量程选择	量程选择正确	8	
		读数	读数正确	8	

续上表

序号	项目	评价要点	分值(分)	得分
4	安全、规范操作	操作安全、规范	10	
		表格填写工整	5	
5	5S现场管理	按5S相关要求完成任务	5	
	总分		100	

班级_____　　姓名_____　　学号_____　　日期_____

任务 3.2　元器件识别与检测

3.2.1　任务描述

本任务通过引导学习者观察二极管和电容的实物,区分不同元件,学会电容器质量的判断方法。

3.2.2　任务目标

▶ 知识目标

1. 熟悉万用表中各元器件的名称。
2. 掌握万用表检测电阻器阻值方法。
3. 掌握万用表判断二极管、电容极性的方法。
4. 熟悉电阻、二极管、电容等元件。

▶ 能力目标

1. 能圆满地完成万用表套件的各部分清点工作。
2. 会利用电阻定律和欧姆定律进行简单计算。
3. 能使用色标法识读色环电阻值。
4. 能正确使用万用表检测电阻器的好坏,判断二极管和电容的极性。

▶ 素质目标

1. 具有自主学习能力、实际操作能力、交流沟通能力。
2. 养成良好的职业素养和耐心细致的工作态度。
3. 培养精益求精的工匠精神。
4. 能做好 5S 现场管理。

3.2.3　学习场地、设备与材料、课时数建议

学习场地

多媒体教室及实训室。

设备与材料

主要设备与材料如表 3-6 所示。

主要设备与材料　　表 3-6

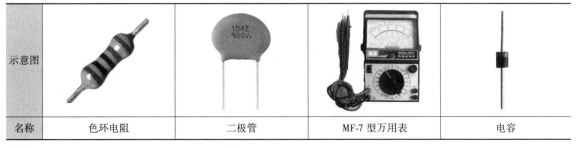

示意图				
名称	色环电阻	二极管	MF-7 型万用表	电容

课时数

2 课时。

3.2.4 知识储备

一、二极管

二极管是一种常用的电子元件,它具有单向导电性,即两端加正向电压时,二极管处于导通状态;两端加反向电压时,二极管处于截止状态。因此,二极管常用来组成整流电路。

判断二极管极性时可用实训室提供的万用表,将红表笔插在"+"端,黑表笔插在"-"端,将二极管搭接在表笔两端,如图3-14所示,观察万用表指针的偏转情况。如果指针偏向右边,显示电阻值很小,表示二极管与黑表笔搭接的为正极,与红表笔搭接的为负极;反之,如果显示电阻值很大,那么与红表笔搭接的是二极管的正极。

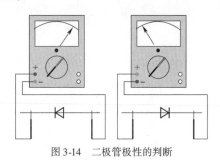

图3-14 二极管极性的判断

二、电容器

电容器的种类繁多,不同种类电容器的性能、用途不同;同一种类的电容器也有许多不同的规格。要合理选择和使用电容器,就必须对电容器的参数和种类有足够的认识。

1. 电容器的参数

(1)额定工作电压。电容器的额定工作电压是指电容器能长时间稳定地工作,并保证电介质性能良好的最大直流电压或最大交流电压有效值。额定工作电压一般称为耐压。电容器外壳上所标示的电压就是其额定工作电压。如果把电容器接到交流电路中,必须保证电容器的额定工作电压不低于交流电压的最大值。

(2)标称容量和允许误差。电容器外壳上所标示的电容量的数值称为标称容量。电容器在批量生产过程中,受到诸多因素的影响,实际电容量与标称容量总存在一定的误差。国家对不同的电容器规定了不同的误差范围,在此范围之内的误差称为允许误差。电容器的允许误差一般也标在电容器的外壳上,按其精度可分为五级:00级允许误差为±1%;0级允许误差为±2%;Ⅰ级允许误差为±5%;Ⅱ级允许误差为±10%;Ⅲ级允许误差为±20%。一般电解电容器的允许误差范围比较大,如铝电解电容器的允许误差范围是50%～30%。

(3)绝缘电阻和介质损耗。衡量一个电容器的性能和质量的好坏,除电容量和耐压两个参数外,还有绝缘电阻和介质损耗。电容器内部的绝缘介质并不是绝对不导电的,当其两端加上电压后总会有微弱的电流通过绝缘介质,这个电流称为漏电流。因此,电容器两极板间的电阻并不是无限大,而是有限的数值。实验测得该数值在千兆欧以上,这个电阻称为绝缘电阻,或漏电阻。在实际使用中,电容器的绝缘电阻越大越好,绝缘电阻越大,漏电流越小,绝缘性能越好。漏电流的路径有两条:一是通过绝缘介质内部,二是通过其表面。因此,绝缘电阻与介质的种类和厚度有关,与周围环境有关。温度高或电容器受潮,绝缘电阻会显著下降,电容器内部会产生很大的漏电流。所以一般电容器都用蜡封,质量好的电容器要密封。

此外,电容器的绝缘介质在交变电压的作用下,介质内部的电荷要不断地重新分布,这种现象称为电介质的极化。极化现象的存在,使介质内部的分子产生碰撞和摩擦,也会引起能量损耗,这种能量损耗称为介质损耗。介质损耗越大,电容器温升越高,从而降低电容器的使用寿命,严重时会烧毁电容器。在电力系统和高频电子电路中,应采用低介质损耗的电容器。

2. 电容器的种类

人工制造的电容器种类很多。按其电容量是否可变,可分为固定电容器、半可变电容器、可变电容器。

固定电容器的电容量是固定不变的,其性能和用途与两极板间的介质有密切关系。一般常用的介质有云母、陶瓷、金属氧化膜、纸介质等。电解电容器具有正负极性,只适用于直流电路。使用时切记不要把极性接反,或接到交流电路中,否则,电解电容器会被击穿。固定电容器的外形及图形符号如图3-15所示。

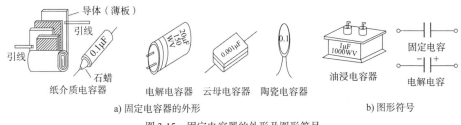

图 3-15 固定电容器的外形及图形符号

半可变电容器又称为预调电容器,在电路中常被用作补偿电容。容量一般只有几皮法到几十皮法,而且在使用中容量不经常改变。调整电容量的方法是旋转压在动片上的螺钉,以改变动片和静片之间的距离或相对面积。常用的电介质有陶瓷、云母、有机薄膜等。其外形及图形符号如图 3-16 所示。

可变电容器是指电容量在一定范围内可调的电容器,适用于电容量随时改变的电路。例如,收音机中利用可变电容器可以调节频率。它是利用改变两组金属片的相对位置来改变电容器极板的相对面积,从而改变电容的大小。常用的电介质有空气、有机薄膜等,其外形及图形符号如图 3-17 所示。电容器是为获得一定大小的电容特意制成的,但电容效应却在很多场合存在。例如,两条架空输电线与其间的空气即构成一个电容器。一对输电线可视为电容器的两个极板,输电线间的空气为绝缘介质。又如线圈的各匝之间,晶体管的各个极之间,也存在着电容。这些电容都很小,一般情况下对电路的影响可忽略不计。但如果输电线很长,或电路的工作频率很高,这些电容的作用是不能忽视的。

3. 电容器质量的判断

电容器用于多种电路中,它的质量决定电路能否正常工作。使用万用表的欧姆挡可以检查电容器的好坏并确定故障的类型。

万用表用作欧姆表使用时,其正表笔通向表内电池的负极,其负表笔通向表内电池的正极。在测量具有极性的电容器时,正表笔应与电容器的负极相连,负表笔应与电容器的正极相连。在电容器与两表笔接通的瞬间,如图 3-18 所示,由于电容器充电,所以有电流通过,随着电容器电压的升高,电流逐渐消失。因此,万用表的指针开始稍有偏转,然后又返回原处(表示有无限大的电阻)。这时,若移开万用表表笔,1min 后再接触电容器,若电容器是好的,则万用表的指针不偏转(因为电容器已充电到万用表电池)。

短路的电容器其内部的绝缘一部分遭到破坏,极板相碰。万用表用作欧姆表使用时,若表笔接触到电容器的两端,则指针偏转到 0Ω。对于开路的电容器,用欧姆表检查时指针不动,表示不充电,指示无限大的电阻。使用电容器时不仅要考虑电容器的电容量大小是否符合要求,还必须注意它的额定电压的大小。当电容器的电容量和耐压不符合实际需求时,可以将两个或两个以上的电容器进行串联、并联或混联,以得到电容量和耐压均符合要求的等效电容。

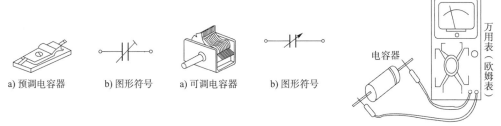

图 3-16 预调电容器的外形及图形符号　　图 3-17 可调电容器的外形及图形符号　　图 3-18 用万用表判断电容器的质量

笔记区

3.2.5 任务实施

技能训练 3-2　元器件识别与检测

班级		姓名		日期	
同组人					

工作准备

▶ 写一写

1. 可以使用万用表判断二极管的极性。　　　　　　　　　　　　（　　）
2. 在实际使用中,电容器的绝缘电阻越大越好,绝缘电阻越大,漏电流越小,绝缘性能越好。　　　　　　　　　　　　　　　　　　　　　　　　　（　　）
3. 电解电容器可适用于交流电路。　　　　　　　　　　　　　　（　　）
4. 电容器的参数主要包括_____、标称容值、允许偏差、_____和介电损耗。
5. 电容器的额定工作电压一般称为_____。
6. 因为二极管具有_____性,所以二极管常用来组成_____电路。
7. 电容器的允许误差一般标在电容器的外壳上,按其精度可分为_____级,其中Ⅰ级允许误差为_____;Ⅱ级允许误差为_____。

实施步骤

1. 从万用表套件中的 $R_1 \sim R_{40}$ 电阻中选出 5 个电阻按色环顺序标出颜色,用色标法识别出电阻值,并用万用表测量电阻值,完成表3-7。
2. 用万用表检测电阻质量的好坏,完成表3-7。

电阻检测表　　　　　　　　　　　表 3-7

序号	检测结果						元件质量好坏
	色标法			测量法			
	色环	标称值(Ω)	允许偏差(%)	倍率	读数(Ω)	测量值(Ω)	
1							
2							
3							
4							
5							

3.2.6 学习评价

任务3.2学习评价表如表3-8所示。

任务3.2学习评价表　　　　　　　　　　　表 3-8

序号	项目		评价要点	分值(分)	得分
1	色标法	色环判断	色环颜色识读正确	10	
		读取标称值	标称值读取正确	10	
		读取偏差	偏差读取正确	10	

续上表

序号	项目		评价要点	分值(分)	得分
2	测量法	万用表挡位选择	挡位选择正确	10	
		倍率选择	倍率选择正确	10	
		电阻值读数	电阻值读数正确	15	
		判断元件质量	掌握判断方法	10	
			判断结果正确	5	
3	安全、规范操作		操作安全、规范	10	
			表格填写工整	5	
4	5S 现场管理		按 5S 相关要求完成任务	5	
总分				100	

班级_____ 姓名_____ 学号_____ 日期_____

任务 3.3　万用表原理电路图识读与分析

3.3.1　任务描述

本任务引导学习者认识和了解万用表的典型电路,识读直流电流测量电路、直流电压测量电路,认识交流电压测量电路和直流电阻测量电路,掌握电压表的分压电阻值和电流表的分流电阻值的计算方法等。

3.3.2　任务目标

▶ 知识目标

1. 掌握电阻串、并联电路的特点及实际应用。
2. 理解电压表扩大量程的原理。
3. 理解电流表扩大量程的原理。

▶ 能力目标

1. 会识读万用表测量线路原理图。
2. 会计算电压表的分压电阻值。
3. 会计算电流表的分流电阻值。

▶ 素质目标

1. 具有自主学习能力、实际操作能力、交流沟通能力。
2. 具有团队合作意识、职业规范意识。
3. 能做好 5S 现场管理。

3.3.3　学习场地、设备与材料、课时数建议

学习场地

多媒体教室及实训室。

设备与材料

主要设备与材料如表 3-9 所示。

主要设备与材料　　　　　　　表 3-9

示意图	
名称	万用表

课时数

2 课时。

3.3.4 知识储备

一、磁电式测量机构的扩程原理

从磁电式测量机构的工作原理可以看出，磁电式测量机构可直接做成小量限电流表，电流表的电阻 R_g 叫作电流表的内阻，指针偏转到最大刻度时的电流 I_g 叫作满偏电流。电流表通过满偏电流时，加在它两端的电压 U_g 叫作满偏电压。由欧姆定律可知，U_g、I_g、R_g 三者的关系为 $U_g = R_g I_g$。磁电式电流表如图 3-19 所示。

电流表的满偏电流和满偏电压都很小，测量较大的电流时要在电流表上并联分流电阻（又称分流器）把小量程的电流表改装成大量限的电流表；测量较大的电压时要在电流表串联分压电阻（又称分压器）把电流表改装成电压表。

1. 磁电式电流表

单量限电流表是直接在电流表两端并联分流电阻 R_S 构成的，如图 3-20 所示。当被测电流为 I 时，可知：

$$I_g R_g = I \frac{R_g R_S}{R_g + R_S}$$

如果用 $n = \dfrac{I}{I_g}$ 表示量限扩大的倍数，则并联分流器后可使电流表的量限扩大 n 倍。则求出电流的扩大倍数为：

$$n = \frac{I}{I_g} = 1 + \frac{R_g}{R_S}$$

并联的分流电阻为：

$$R_S = \frac{R_g}{n-1}$$

【例 3-3】 一磁电式测量机构，其满偏电流 $I_g = 200\mu A$，电流表内阻 $R_g = 0.8\Omega$，现将量限扩大到 1mA，应并联多大的分流电阻？

解：先求电流量限扩大的倍数 n，即：

$$n = \frac{I}{I_g} = \frac{1 \times 10^{-3}}{200 \times 10^{-6}} = 5$$

得出分流电阻 R_S：

$$R_S = \frac{R_g}{n-1} = \frac{0.8}{5-1} = 0.2(\Omega)$$

磁电式电流表也可以做成多量限的，图 3-21 是具有两个量限的电流表电路。图中量限为 I_1 时的分流电阻为 R_{S_1}，量限为 I_2 时的分流电阻为 $(R_{S_1} + R_{S_2})$。由于电流表支路电压与分流支路电压总相等，即：

$$I_g R_g = (I_2 - I_g)(R_{S_1} + R_{S_2})$$
$$I_g (R_g + R_{S_2}) = (I_1 - I_g) R_{S_1}$$

由上述两式得：

$$I_1 R_{S_1} = I_2 (R_{S_1} + R_{S_2})$$

上式表明，各量限的电流与其分流电阻的乘积相等。此结论也适用于三量限和四量限电流表。

2. 磁电式电压表

磁电式测量机构也可以直接作为电压表使用来测量电压，但是由于 $U_g = R_g I_g$ 很小，所以只能测量很小的电压，一般只有几十毫伏左右。

为了测量较高的电压，通常采用与电流表串联分压电阻 R_f 的方法，如图 3-22a) 所示。由于分压电阻 R_f 的电阻值较大，这时被测电压 U 的大部分加在附加电阻 R_f 两端，而电流表电压 U_g 只是和 U 成比例的很小的一部分，从而使通过电流表的电流限制在允许的范围内，扩大了电压表的量限。

串联附加电阻后，电流表通过的电流为：

$$I = \frac{U}{R_g + R_f}$$

显然 $I \propto U$，由于指针的偏转角 $\alpha \propto I$，所以 $\alpha \propto U$。因此指针的偏转角 α 可以直接反映被测电压的大小。若使标尺按扩大量限后的电压刻度，便可直接读取被测电压值。

$\dfrac{U}{U_g}$ 是电压量限的扩大倍数，用 m 表示，由关系式 $U = I_g (R_g + R_f)$ 和 $U_g = R_g I_g$ 得：

$$m = \frac{U}{U_g} = \frac{R_g + R_f}{R_g}$$

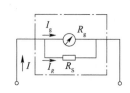

图 3-19 磁电式电流表　图 3-20 磁电式单量限电流表电路

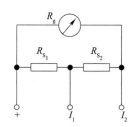

图 3-21 磁电式两量限电流表电路

与电流表串联的附加电阻值为：

$$R_f = (m-1)R_g$$

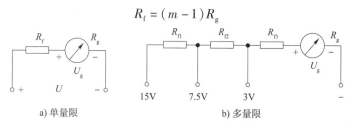

a) 单量限　　　　　　　　　b) 多量限

图 3-22　磁电式电压表原理电路

【例 3-4】 一磁电式测量机构，其满偏电流 $I_g = 10000\mu A$，电流表内阻 $R_g = 300\Omega$，欲制成量限为 300V 的电压表，应串联多大的分压电阻？该电压表的总内阻是多少？

解： 先求测量机构的满偏电压：

$$U_g = R_g I_g = 300 \times 10000 \times 10^{-6} = 3(V)$$

电压量限扩大倍数：

$$m = \frac{U}{U_g} = \frac{300}{3} = 100$$

应串联的分压电阻：

$$R_f = (m-1)R_g = (100-1) \times 300$$
$$= 29700(\Omega) = 29.7(k\Omega)$$

该电压表的总内阻：

$$R = R_g + R_f = 300 + 29700 = 30(k\Omega)$$

磁电式电压表也可以做成多量限的，图 3-22b) 是具有三个量限的电压表的测量电路。电压表的内阻，应为电流表内阻与附加电阻之和。图 3-22b) 中，当量限为 3V 时，电压表的内阻为 $R_g + R_{f3}$；当量限为 7.5V 时，电压表的内阻为 $R_g + R_{f3} + R_{f2}$；当量限为 7.5V 时，电压表的内阻为 $R_g + R_{f3} + R_{f2} + R_{f1}$。显然，电压表的量限越大，其内阻越大。电压表各量限的内阻与相应的电压量限的比值是一常数，称为电压表的内阻常数，通常标在电压表的表面上，单位是"Ω/V"。相同量限的电压表，内阻常数越大，其内阻越大，对被测电路的影响越小。磁电式电压表的量限比值可达几千欧/伏及以上。

二、MF-47 型万用表测量电路

1. 直流电流测量电路

万用表的直流电流测量电路就是一个多量程的直流电流表。它由磁电式测量机构和若干个分流电阻以及转换开关组成。在单量限电流表的结构图中，磁电式测量机构和电阻组成并联电路，电阻起分流作用。

MF-47 型万用表直流电流测量回路采用图 3-23 所示的环形分流式电路。

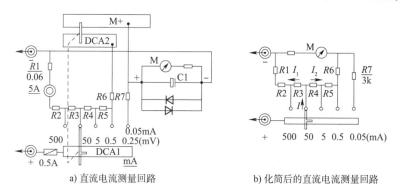

a) 直流电流测量回路　　　　b) 化简后的直流电流测量回路

图 3-23　环形分流式电路

直流电流测量回路，如图 3-23a) 所示，将转换开关置于直流电流任一挡，此时万用表相当于一个直流电流表。测量时必须断开被测电路,将正表笔、负表笔串接于被测电路中。为提高量程,采用了环形分流电路,转换开关的滑动接点转换时,分别接通各挡电路。

例如,滑动接点打至 50mA 挡时,各支路电流如图 3-23b)所示,总电流 I 从"+"端进,从"-"端流出,I_1 是分流回路的电流,I_2 经过电流表,电流表回路的电阻起限流作用。

2. 直流电压测量电路

万用表的直流电压测量电路其实就是一个多量程的直流电压表,它由磁电式测量机构和若干个分压电阻以及转换开关组成。在单量程电压表电路中,为了提高电压表的量程,通常采用串联不同的分压电阻的方法。

万用表直流电压测量电路如图 3-24 所示,将转换开关置于直流电压任一挡,此时万用表相当于直流电压表。测量时正表笔接被测元件正端,负表笔接被测元件负端。在电流表旁串接分压电阻来提高量程,随着量程的提高,分压电阻值也会增大。低量程挡分压电阻是高量程挡分压电阻的基础,高量程挡分压电阻损坏不影响低量程挡测量,但低量程挡分压电阻损坏会影响高量程挡测量。例如,$R12$ 断了,250V、500V、1000V 挡位不能测量,但不影响 50V 以前的挡位测量。

3. 交流电压测量电路

万用表的交流电压测量电路就是一个多量程的交流电压表。它由磁电式测量机构和若干个分压电阻、二极管整流电路以及转换开关组成,如图 3-25 所示。二极管 D1、D2 在电路中组成半波整流电路。当转换开关打到交流电压 10V 挡位,被测电压为正半波时:D1 导通、D2 截止,电流从表笔"+"→ACV1→$R19$→D1→{$R26$→$R25$→$R27$→ACV2→M+→}→表笔"-"。电压为负半波时,D2 导通、D1 截止,电流从表笔"-"→D2→$R20$→ACV1→"+"。正半波时电流经过电流表,负半波时不经过。

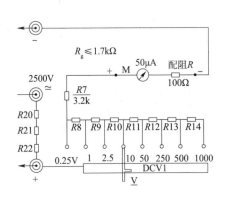

图 3-24 直流电压测量电路

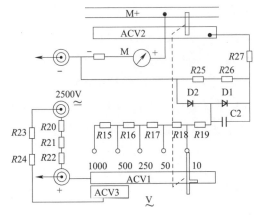

图 3-25 交流电压测量电路

4. 电阻测量电路

万用表欧姆挡实际上是一个多倍率的欧姆表,当 $R_x = 0$ 时(两表笔短接)电流表电流 $I = \dfrac{U}{R_n} = \dfrac{U}{R + R_c} = I_0$(满偏电流)电流最大。指针在右端欧姆零位。当 $R_x \to \infty$ 时,相当于开路,$I = 0$ 指针不偏转,停留在左端的机械零位,该点被定为欧姆表的无穷大(∞)刻度。

MF-47 型万用表的 $R \times 1$ 挡仪表总内阻为 16.5Ω。另外,欧姆挡标度尺刻度是不均匀的,越往左端越密,无法读准其数值。在 $0.1 \sim 10$ 倍欧姆中心值范围内读数较准确,否则误差较大。

为使读数准确,可以根据被测电阻值的大小,通过改变测量电路的电阻倍率(换挡)来改变中心值的大小,尽量使指针在中心值附近摆动。欧姆挡每换一次挡,中心值就改变,因此在换挡位后必须将两表笔短接调节调零电位器 R_W,使指针在欧姆零位,如图 3-26 所示。

MF-47 型万用表电阻挡工作原理如图 3-27 所示电路,电阻挡分为 ×1、×10、×100、×1k、×10k 五个倍率。例如,将挡位开关旋钮打到 ×10 时,外接被测电阻通过两表笔连接,经过 0.5A 熔断器接到电池,再经过电刷旋钮与 $R29$ 相连,一部分电流经 $R33$ 到 $R36$,$R36$ 为电阻挡调零电位器,最后与电流表形成回路,使指针偏转,测出电阻值的大小。×10k 挡因电流表电流太小,增加了一个 9V 电池,用以提高电池电压的方法来扩大量程。

图 3-26 欧姆调零电路　　图 3-27 欧姆测量电路

📝 笔记区

3.3.5 任务实施

技能训练3-3　万用表原理电路图识读与分析

班级		姓名		日期	
同组人					

⚛ 工作准备

▶ 写一写

1. 在电阻串联电路中,电流_____;总电压与分电压的关系为_____;等效电阻与分电阻的关系为_____。

2. 在电阻并联电路中,各个电阻的端电压_____;总电流与分电流的关系为_____;等效电阻与并联各电阻的关系为_____。

3. 三个电阻 $R_1=300\Omega$, $R_2=200\Omega$, $R_3=100\Omega$,串联后接到 $U=6V$ 的直流电源上。则总电阻 $R=$ _____,三个电阻上的电压分别为 $U_1=$ _____, $U_2=$ _____, $U_3=$ _____。

4. 在电路中串联电阻起到_____作用,并联电阻起到_____作用。

5. 并联电阻越多,等效电阻越_____。

6. 求图3-28所示电路的等效电阻, $R_{ab}=$ _____。

7. 求图3-29所示电路的等效电阻, $R_{ab}=$ _____。

8. 如图3-30所示电路,已知电阻 $R_1=9\Omega$, $R_2=6\Omega$,总电流 $I=3A$。该电路的等效电阻 $R=$ _____ = _____ Ω,支路电流 $I_1=$ _____ = _____ A, $I_2=$ _____ = _____ A。

9. 有一万用表,其电流表的满偏电流 $I_g=40\mu A$,内阻 $R_g=3.75k\Omega$,要做成量限为1mA的直流电流表,应在电流表两端_____联附加电阻 R_f,如图3-31所示。该附加电阻与电流表内阻的关系为_____,其电阻值大小为_____ Ω。

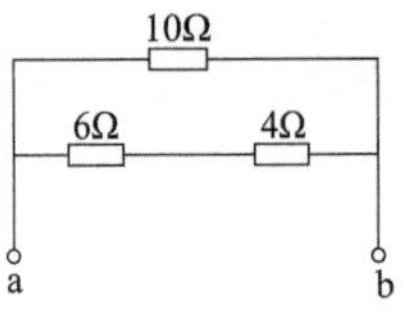

图3-28　第6题图 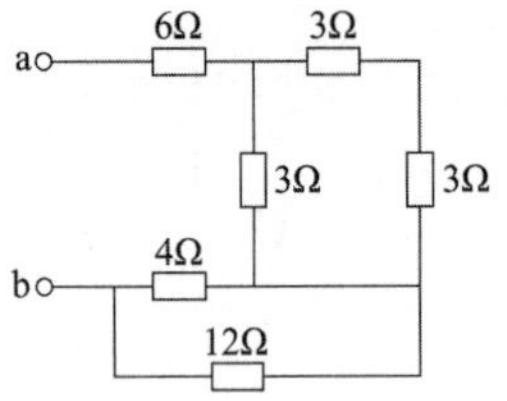　　图3-29　第7题图 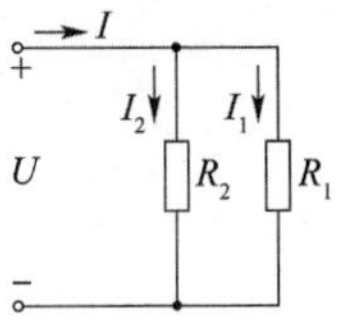　　图3-30　第8题图 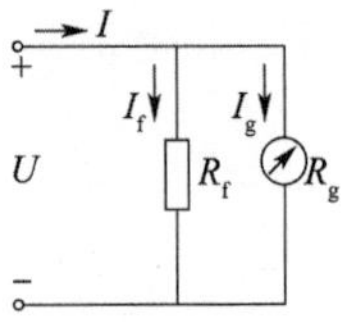　　图3-31　第9题图

10. 一磁电式测量机构,其满偏电流 $I_g=100\mu A$,电流表内阻 $R_g=1000\Omega$,欲制成量限为100V的电压表,串联的分压电阻 R_f 为_____。

11. 从单量限电流表的制作过程可知,电流表实际上是由_____和_____组成的并联电路。

📊 实施步骤

1. 识读万用表直流电压测量回路。

(1) 识读直流电压测量回路。

将MF-47型万用表的转换开关置于直流电压任意一挡,此时万用表相当于直流_____表,其测量回路如图3-32所示。

结合图 3-32 写出电流表的满偏电流 $I_g =$ _____。直流电压表的量限分别为 _____、_____、_____、_____、_____、_____、_____、_____,共八个。此时转换开关放在 _____ 量限上。测量时红表笔放在被测电路(或元件)的 _____ 电势端,黑表笔放在被测电路(或元件)的 _____ 电势端。

此外,由图 3-32 还可以看出,直流电压表扩大量限的方法是 _____。随着量限的扩大,分压电阻 _____。

(2) 电流表分压电阻的计算。

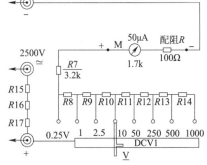

图 3-32　MF-47 型万用表直流电压测量回路

各直流电压挡灵敏度均为 $20\mathrm{k}\Omega/\mathrm{V}$,即电流表的满偏电流 $I_g = \dfrac{1\mathrm{V}}{20\mathrm{k}\Omega} = 0.05\mathrm{mA}$,并且电流表的等效内阻为 $R'_g = R_g + R = 1.7 + 0.1 = 1.8(\mathrm{k}\Omega)$。

①计算 $U_1 = 0.25\mathrm{V}$ 挡的分压电阻 $R7$:

②计算 $U_2 = 1\mathrm{V}$ 挡的分压电阻 $R8$:

③计算 $U_3 = 2.5\mathrm{V}$ 挡的分压电阻 $R9$:

④计算 $U_4 = 10\mathrm{V}$ 挡的分压电阻 $R10$:

⑤计算 $U_5 = 50\mathrm{V}$ 挡的分压电阻 $R11$:

⑥计算 $U_6 = 250\mathrm{V}$ 挡的分压电阻 $R12$:

⑦计算 $U_7 = 500\mathrm{V}$ 挡的分压电阻 $R13$:

⑧计算 $U_8 = 1000\mathrm{V}$ 挡的分压电阻 $R14$:

⑨计算 $U_9 = 2500\mathrm{V}$ 挡的分压电阻 $R15 \sim R17$:

2. 识读万用表直流电流测量回路。

(1) 识读直流电流测量回路。

将 MF-47 型万用表的转换开关置于直流电流任意一挡,此时万用表相当于直流 _____ 表,其测量线路如图 3-33 所示。

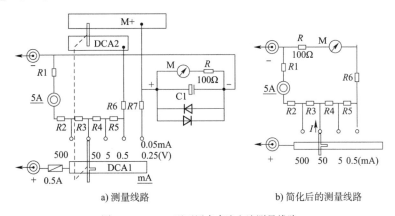

a) 测量线路　　　b) 简化后的测量线路

图 3-33　MF-47 型万用表直流电流测量线路

结合图 3-33a),写出直流电流表的量限,分别为 _____、_____、_____、_____、_____、_____。其中 0.05mA 挡与 0.25V 的直流电压挡共用,与其余五个电流挡位无关。此时转换开关放在 _____ 量限上,测量时将红、黑表笔串接于被测电路中。

图 3-33b)是简化后的直流电流测量线路,由该图可知,万用表直流电流挡扩大量限的方法是 _____,随着量限的扩大,电流表环形分流电阻将 _____。

(2) 电流表环形分流电阻的计算。

由图 3-33 可知,当电流表满偏电流 0.05mA、内阻为 1.8kΩ(1700Ω + 100Ω 配阻)时,各电流挡对应分流电阻关系如下:

电流挡 5A、500mA、50mA、5mA、0.5mA 对应分流电阻分别为：R1、R1 + R2、R1 + R2 + R3、R1 + R2 + R3 + R4、R1 + R2 + R3 + R4 + R5。

根据并联电路的特点：

$$5000R_1 = 500(R_1 + R_2) = 50(R_1 + R_2 + R_3) = 5(R_1 + R_2 + R_3 + R_4)$$
$$= 0.5(R_1 + R_2 + R_3 + R_4 + R_5)$$

可得：

R2 = _____ R1，R3 = _____ R1，R4 = _____ R1，R5 = _____ R1，R1 + R2 + R3 + R4 + R5 = _____ R1。

0.5mA 挡可以看成(R1 + R2 + R3 + R4 + R5)与(电流表 + R6)组成的并联电路，若 R6 取 3.6kΩ，则有：

0.05(1800 + 3600) = (0.5 − 0.05)(R1 + R2 + R3 + R4 + R5) = _____ R1

可得：

R1 = _____，R2 = _____，R3 = _____，R4 = _____，R5 = _____。

3. 识读万用表交流电压测量回路。

将万用表的转换开关置于交流电压任意一挡，此时万用表相当于_____表，其测量线路如图 3-34 所示。与直流电压测量线路比较，交流电压测量线路只是增加了一个_____电路。图中二极管 D1、D2 的作用是_____。

根据图 3-34 还可以看出，万用表交流电流的量限分别为_____。

测量时，将万用表的红、黑表笔跨接在被测元件两端。将滑动节点接于交流电压 10V 挡位，交流电正半周时，二极管_____导通，_____截止，电流流经的路径为：红表笔→ACV1→R20→_____；

交流电负半周时，二极管_____导通，_____截止，电流流经的路径为：_____。

通过上述分析可知：交流电_____半周时，电流流经电流表，_____半周时，电流不流经电流表。

4. 识读万用表直流电阻测量回路。

将万用表的转换开关置于直流电阻任意一挡，此时万用表相当于_____表，其测量线路如图 3-35 所示。

根据图 3-35 还可以看出，万用表直流电阻挡的倍率分别为_____、_____、_____、_____、_____。

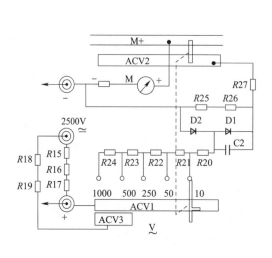

图 3-34 万用表交流电压测量回路　　图 3-35 万用表直流电阻测量回路

观察 MF-47 型万用表的标尺，读出直流电阻挡各倍率的中心电阻值分别为

_____、_____、_____、_____、_____。

图 3-35 中有两个直流电源,其中_____、_____、_____、_____的倍率使用一节 1.5V 电池作为电源;_____的倍率使用 9V 积层电池作为电源。

如果转换开关此时放在 ×10 倍率上,此时电流流经的路径为_____。

3.3.6　学习评价

任务 3.3 学习评价表如表 3-10 所示。

任务 3.3 学习评价表　　　表 3-10

序号	项目		评价要点	分值(分)	得分
1	万用表直流电压测量回路	识读电路	电路识读正确	10	
		计算压电阻	压电阻计算正确	20	
2	万用表直流电流测量回路	识读电路	电路识读正确	10	
		计算流电阻	流电阻计算正确	20	
3	万用表交流电压测量回路	识读电路	电路识读正确	10	
4	万用表直流电阻测量回路	识读电路	电路识读正确	10	
5	安全、规范操作		操作安全、规范	10	
			表格填写工整	5	
6	5S 现场管理		按 5S 相关要求完成任务	5	
总分				100	

电工技术基础与技能

班级_____　　姓名_____　　学号_____　　日期_____

任务 3.4　万用表组装与调试

3.4.1　任务描述

本任务引导学习者使用焊接工具进行元器件焊接、拆焊,对万用表装配图进行识读,在电路板上将电阻、二极管、电容、裸导线、带绝缘皮导线等相关元件进行焊接并按照装配要求进行装配,了解万用表调试的方法。

3.4.2　任务目标

▶ 知识目标

1. 认识基本焊接工具。
2. 掌握常用工具的使用方法及注意事项。
3. 熟悉基本的焊接方法。
4. 学会仪表的装配和调试工艺。
5. 进一步理解基本误差和附加误差的概念,掌握仪表误差的表示方法和用途。
6. 进一步理解仪表误差的概念,了解仪表产生误差的原因。
7. 进一步理解仪表准确度的概念,了解国产电工指示仪表的准确度等级及划分标准。

▶ 能力目标

1. 能正确使用焊接工具进行元件的焊接。
2. 会看装配图纸进行电路的焊接与装配。
3. 会使用工具对万用表进行检查、调试。
4. 会计算仪表的绝对误差、相对误差和引用误差。

▶ 素质目标

1. 具有自主学习能力、实际操作能力、交流沟通能力。
2. 具有严谨求实的工作作风和处理具体问题的能力。
3. 培养质量意识、工匠精神。
4. 能做好 5S 现场管理。

3.4.3　学习场地、设备与材料、课时数建议

学习场地

多媒体教室及实训室。

设备与材料

主要设备与材料如表 3-11 所示。

主要设备与材料　　　　　　　　　　　　　　　　表 3-11

示意图					
名称	电烙铁	尖嘴钳	螺丝刀	镊子	焊锡

⏱ 课时数

2 课时。

3.4.4 知识储备

一、焊接技术

焊接是利用加热的方法使两种金属牢固地结合在一起,即将电路板上的线路与元器件连接起来的方法叫焊接。焊接质量的好坏,直接影响产品的质量。

用电烙铁焊接导线时,必须使用焊料和焊剂。焊料一般为丝状焊锡或纯锡,常见的焊剂有松香、焊膏等。

1. 焊接要求

焊接时无漏焊、虚焊,漏焊会使电路不通(无电流),虚焊会使电路中无电流或一开始有电流,经过振动后电路出现断路,这种故障从表面很难看出,也较难查找。

焊点表面要饱满、光滑、清洁、不拉尖,焊点要整齐,焊剂、焊料要适当。

2. 焊接步骤

(1)清理。焊接前将元器件引线(管脚)刮净,清理被焊物表面氧化物、锈斑、油污、杂质、灰尘等,如图 3-36 所示。

(2)挂锡。取适量的焊剂对焊点进行均匀的涂抹,放焊料加热挂锡。

(3)焊接。烙铁头保持干净,贴在被焊元件与敷铜板之间;焊锡触在烙铁尖与被焊物之间,待焊点上的锡熔化后,再将烙铁头顺着被焊元件管脚向上撤出,如图 3-37 所示。

(4)冷却。待形成圆润、饱满的焊点后迅速撤离电烙铁,让焊点自然冷却。

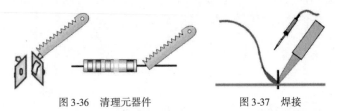

图 3-36　清理元器件　　　图 3-37　焊接

(5)修整。待焊点冷却后,用工具剪去过长的电阻或电容的管脚。控制好电烙铁给被焊物加热时间,焊接过程中烙铁头不要移动,以免温度不稳定造成焊锡堆积;加热时间不宜过长,也不能太短,焊接动作要准确、快速,以免印制电路板上铜箔翘起,甚至脱离。焊接时被焊物要稳定,不要晃动,以免造成虚焊。

图 3-38 所示焊点形状:焊点 a,比较牢固;焊点 b,为理想状态,一般不易焊出;焊点 c,焊锡较多,往往有虚焊可能;焊点 d、e,焊锡太少,容易断开;焊点 f,提烙铁时方向不对,造成形状不规则;焊点 g,烙铁温度不够,焊点为碎渣状,多为虚焊;焊点 h,与焊盘间有缝隙,为虚焊或接触不良;焊点 i,引脚放置歪斜。一般形状不正确的焊点,则元器件多数没有焊接牢固,应重焊。

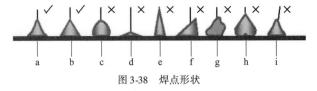

图 3-38　焊点形状

二、拆焊技术

在调试、维修万用表的工作中,经常需要更换一些元器件。更换元器件的前提当然是把原先的元器件拆焊下来。如果拆焊的方法不当,则会破坏电路,也会使换下来但并没失效的元器件无法重新使用。

1. 拆焊原则

拆焊的步骤一般与焊接的步骤相反。拆焊前，一定要弄清楚原焊接点的特点，不要轻易动手。具体原则如下：

(1) 不损坏拆除的元器件、导线、原焊接部位的结构件。

(2) 拆焊时不可损坏印制电路板上的焊盘与印制导线。

(3) 对已判断为损坏的元器件，可先行将引线剪断，再行拆除，这样可减小其他损伤的可能性。

(4) 在拆焊过程中，应该尽量避免拆除其他元器件或变动其他元器件的位置。若确实需要，则要做好复原工作。

2. 拆焊要点

(1) 严格控制加热的温度和时间。拆焊的加热时间和温度较焊接时间要长、要高，所以要严格控制温度和加热时间，以免将元器件烫坏或使焊盘翘起、断裂。宜采用间隔加热法来进行拆焊。

(2) 拆焊时不要用力过猛。在高温状态下，元器件封装的强度都会下降，尤其是对塑封器件、陶瓷器件、玻璃端子等，过分地用力拉、摇、扭都会损坏元器件和焊盘。

(3) 吸去拆焊点上的焊料。拆焊前，用吸锡工具吸去焊料，有时可以直接将元器件拔下。即使还有少量锡连接，也可以缩短拆焊的时间，减小元器件及印制电路板损坏的可能性。如果在没有吸锡工具的情况下，则可以将印制电路板或能够移动的部件倒过来，用电烙铁加热拆焊点，利用重力原理，让焊锡自动流向烙铁头，也能达到部分去锡的目的。

3. 拆焊方法

通常，电阻、电容、晶体管等引脚不多，且每个引线可相对活动的元器件可用烙铁直接拆焊。把印制电路板竖起来夹住，一边用烙铁加热待拆元器件的焊点，一边用镊子或尖嘴钳夹住元器件引线轻轻拉出。

当拆焊多个引脚的集成电路或多管脚元器件时，一般有以下几种方法：

(1) 选择合适的医用空心针头拆焊。将医用针头用铜锉锉平，作为拆焊的工具，具体方法是：一边用电烙铁熔化焊点，一边把针头套在被焊元器件的引线上，直至焊点熔化后，将针头迅速插入印制电路板的孔内，使元器件的引线脚与印制电路板的焊盘分开。

(2) 用吸锡材料拆焊。可用作锡焊材料的有屏蔽线编织网、细铜网或多股铜导线等。将吸锡材料加松香助焊剂，用烙铁加热进行拆焊。

(3) 采用吸锡烙铁或吸锡器进行拆焊。吸锡烙铁对拆焊是很有用的，既可以拆下待换的元器件，又可同时不使焊孔堵塞，而且不受元器件种类限制。但它必须逐个焊点除锡，效率不高，而且必须及时排除吸入的焊锡。

(4) 采用专用拆焊工具进行拆焊。专用拆焊工具能一次完成多引线引脚元器件的拆焊，而且不易损坏印制电路板及其周围的元器件。

(5) 用热风枪或红外线焊枪进行拆焊。热风枪或红外线焊枪可同时对所有焊点进行加热，待焊点熔化后取出元器件。对于表面安装元器件，用热风枪或红外线焊枪进行拆焊效果最好。用此方法拆焊的优点是拆焊速度快，操作方便，不容易损伤元器件和印制电路板上的铜箔。

三、元器件的焊接

焊接前检查每个元器件插放是否正确、整齐，二极管、电解电容极性是否正确，电阻读数的方向是否一致，全部合格后方可进行元器件的焊接。

焊接时，电阻不能离开线路板太远，也不能紧贴线路板焊接，以免影响电阻的散热。

焊接完后的元器件，要求排列整齐，高度一致，如图3-39所示。为了保证焊接的整齐美观，焊接时两边架空的高度要一致，元器件插好后，要调整位置，使它与桌面相接触，保证每个元器件焊接高度一致。

拆焊：焊接中如发现错焊，必须将焊件拆下来重焊。在调试与维修过程中，元器件需要更换，也必须拆焊，如果拆焊方法不当将造成印制导线断裂、焊盘脱落。

检测：电气连接是否可靠，是否具有足够的电气强度，焊点外观检查。

图3-39　焊接元器件排列整齐美观

四、万用表的装配

图 3-40 所示为 MF-47 型万用表装配图。

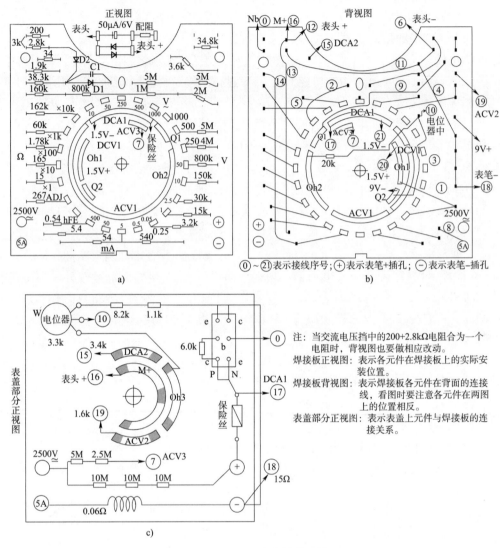

图 3-40 MF-47 型万用表装配图

装配注意事项：

（1）安装元器件以及连线时，一定要明确其在焊接板上准确位置，确保正确无误。

（2）要确保焊接质量，不要出现虚焊、漏焊，焊点要牢固可靠。在焊接各种元器件时，焊接时的温度不要过高，时间不要太长，以免烫坏元器件的绝缘和骨架。

（3）各元器件的引线注意不要相碰，以免改变电路的特性，出现不良后果。

（4）对于有极性的元器件，一定要弄清楚其极性及在线路中的位置。

（5）对于电流表不要随意打开，以免损坏电流表。

（6）电阻的电阻值和电容的电容量要标识向外，以便查对和维修更换。

（7）万用表的体积较小，装配工艺要求较高。元器件焊接时要紧凑，否则可能造成焊接完后无法盖上后盖。

（8）内部连接线要排列整齐，不能妨碍转换开关的转动。

五、万用表的调试

万用表完成电路组装后，必须进行详细检查、校验和调试，使各挡测量的准确度都达到技术要求。MF-47 型万用表技术参数如表 3-12 所示。

MF-47型万用表技术参数 表3-12

主要技术参数			
	限量范围	灵敏度及电压降	准确度
直流电流	0~0.05~0.5~5~50~500mA	0.3V	±2.5%
	5A		±5%
直流电压	0~0.25~1~2.5~10~50~250~500~1000V	20kΩ/V	±2.5%
	2500V		±5%
交流电压	0~10~50~250~500~1000	4kΩ/V	±5%
直流电阻	$R\times1,R\times10,R\times100,R\times1k,R\times10k$	$R\times1$ 中心刻度为16.5	±2.5%
音频电平	−10~+22dB	0dB=1mW 600Ω	
晶体管直流放大系数	$0\sim300h_{FE}$		
电感	20~1000H		
电容	0.001~0.03μF		

1. 电流表参数的测定

万用表的测量电路是由多种类型测量电路组合而成的,各项测量误差有所不同。为使万用表达到规定技术指标,应对各单元电路进行调试,调试必须在电流表性能良好的前提下进行。

电流表电流灵敏度的测定。测定电流表灵敏度,就是测定使指针从零刻度起,到满刻度为止动圈所通过的电流值。按图3-41所示电路接线,将开关S置于1位置,调节R_{P1}、R_{P2}或电源电压U,使被测电流表(G)的指针达到满刻度。此时标准表G_0指示的电流值就是被测电流表R_{P2}或稳压电源的输出电压U,使被测电流表的指针指在较大值,记下标准表读数。然后将开关S置于2位置,调节R_n,使标准表的读数保持不变,用电桥或欧姆表测出电阻R_n的电阻值即为电流表内阻。

2. 万用表调试的方法

这里以校准直流电压挡为例来说明测试的方法。按图3-42所示电路接线。调节稳压电源的输出电压U_S或调节电位器R_P,使被调表的指针依次指在标尺刻度值的20%、40%、60%、80%和100%,分别记下标准表和被调表的读数U_0和U,在每个刻度值上的绝对误差为$\Delta U=U-U_0$,取绝对误差中的最大值ΔU_{max},按$A=\dfrac{\Delta U_{max}}{U_m}\times100\%$($U_m$为被调表的量限)计算被调万用表电压挡的准确度等级$A$。

若准确度已达到设计的技术要求,则认为合格,若低于设计的指标,必须重新调试和检查,直到符合要求为止。其他挡的调试均可按此方法进行。

图3-43为直流电流调试电路,图3-44为交流电压调试电路。

电阻挡的调整:电阻量限的调整是将标准电阻串入电路中,看被调表指示与标准表指示是否一致,来确定被调表的误差。我们通常用标准电阻箱来检定。校准检查分为三点进行,即中心值、刻度长的四分之一、四分之三处的欧姆指示值。

六、万用表的检修

刚刚组装好的万用表可能出现的故障是多方面的,最好在组装好后先仔细检查线路安装是否正确,焊点是否焊牢,然后再进行调试和检修。

1. 直流电流挡的常见故障及原因

(1)标准表有指示,被调表无指示。可能是电流表线头脱焊或与电流表串联的电阻损坏、脱焊、断头等。

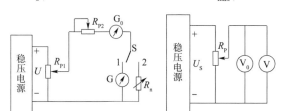
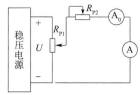
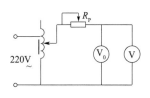

图3-41 电流表参数测量电路　图3-42 直流电压调试电路　图3-43 直流电流调试电路　图3-44 交流电压调试电路

(2)标准表与被调表都无指示。可能是公共线路断路。

(3)被调表某一挡误差很大,而其余挡正常。可能是该挡分流电阻与邻挡分流电阻接错。

2. 直流电压挡常见故障及原因

(1)标准表工作,而被调表各量程均不工作。可能是最小量程分压电阻开路或公共的分压电阻开路;也可能是转换开关接触点或连线断开。

(2)某一量程及以后量程都不工作,其以前各量程都工作。可能是该量程分压电阻断开。

(3)某一量程误差突出,其余各量程误差合格。可能是该挡分压电阻与相邻挡分压电阻接错。

3. 交流电压挡常见故障及原因

(1)被调表各挡无指示,而标准表工作。可能是最小电压量程的分压电阻断路或转换开关的接触点、连线不通。

(2)被调回路虽然通但指示极小,甚至只有5%或者指针只是轻微摆动。可能是整流二极管被击穿。

4. 电阻挡常见故障及原因

电阻挡有内附电源,通常仪表内部电路的通断情况的初检就用电阻挡来进行检查。

(1)全部量程不工作。可能是电池与接触片接触不良或连线不通,也可能转换开关没有接通或保险管断了。

(2)个别量程不工作。可能是该量程的转换开关的触点或连线没有接通或该量程专用的串联电阻断路。

(3)全部量程调不到零位。可能是电池的电能不足或是调零电位器中心头没有接通。

(4)调零位指针跳动,可能是调零电位器的可变头接触不良。

(5)个别量程调不到零位。可能是该量程的限流电阻变化。

笔记区

3.4.5 任务实施

技能训练 3-4　万用表组装与调试

班级		姓名		日期	
同组人					

工作准备

▶ 认一认

1. 认识下列焊接装配工具(图 3-45)。

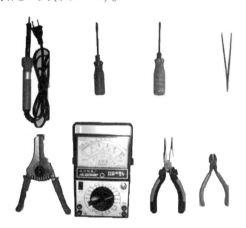

图 3-45　实训工具

图 3-45 所示各工具包括_____。其中用于剪断较粗金属丝、线材和电线电缆的是_____,用于加热焊接部位,熔化焊料,使焊料和被焊接金属连接起来的是_____,用来紧固或拆卸带槽螺钉的常用工具是_____。

2. 标注出图 3-46 中电烙铁的不同握法。

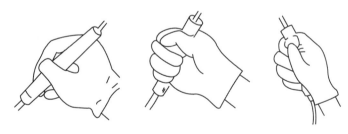

图 3-46　电烙铁的不同握法

3. 在图 3-47 中标注焊接五步法中各步骤(准备施焊、加热焊件、熔化焊料、移开焊锡、移开焊铁)。

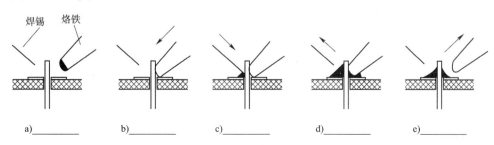

a)_____　　b)_____　　c)_____　　d)_____　　e)_____

图 3-47　焊接五步法

实施步骤

1. 清点套件。

(1) 领取万用表套件,如图3-48所示。对照配套材料清单表清点元器件及辅料。

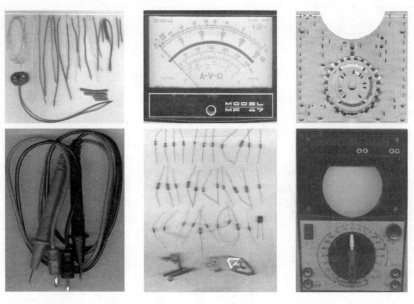

图3-48 万用表套件(部分)

(2) 识读装配图、电路板,理顺万用表组装顺序。

2. 焊接电路板。

(1) 焊接前准备。焊接前先要对电烙铁进行检查,如果吃锡不良,应进行去除烙铁头的氧化层和预挂锡的处理。将被焊元器件的引线进行清洁和预挂锡。对照原理电路图及装配图,找出各元器件的焊接位置及安装顺序。

(2) 焊接电路板。焊接时须注意:安装元器件以及连线时,一定明确其在焊接板上的准确位置,确保正确无误。在焊接装配的同时,要剪去多余引线,留下的线头长度必须适中,剪线时要注意不能损坏其他焊点,对焊点质量进行检查。不要出现虚焊、漏焊,焊点要牢固可靠。在焊接各种元器件时,焊接时的温度不要过高,时间不要过长,以免烫坏器件的绝缘和骨架。各元器件的引线主要不要相碰,以免改变电路的特性,出现不良后果。

(3) 焊接顺序及工艺要求。

① 焊接电阻。识别检测,将所有电阻测试后分开,固定在电路板正面图纸对应的电阻上。管脚成型,将各电阻管脚按照电路板上对应位置的距离弯曲成型。安装焊接,均为卧式安装。注意不能接错位置,并要求电阻的误差环在右(图3-49、图3-50)。

② 焊接导线。裸导线的焊接:先在图纸中挑出裸导线(两点间无标号的导线即为裸导线),然后按照图纸对应装接。绝缘导线的装接:带标号的导线为绝缘导线,带箭头的导线为引出线,只需焊接一端(图3-51、图3-52)。

③ 整机装配。将电路与表上盖连接,连接顺序为15号、16号、19号、10号、17号、7号、12号、6号。焊接20号、21号线(1.5V)电源线,注意要将电源金属极片表面的氧化层处理干净,并且上好焊锡,焊接时注意,红线正极,黑线负极。最后接0号、18号、8号线。装接三刀连片。安装后盖,用两只螺钉将后盖固定(图3-53~图3-55)。

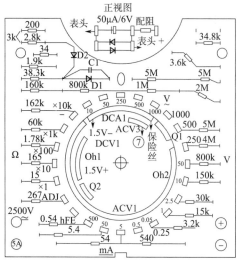

图 3-49 电路板正面装配图

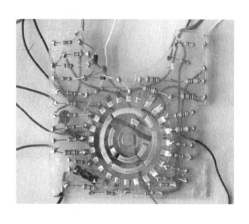

图 3-50 电路板正面焊接图

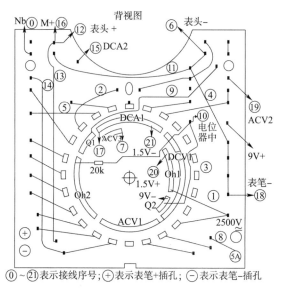

①~㉑表示接线序号；⊕表示表笔+插孔；⊖表示表笔-插孔

图 3-51 电路板背面装配图

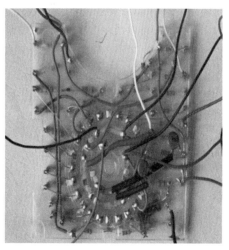

图 3-52 电路板背面焊接图

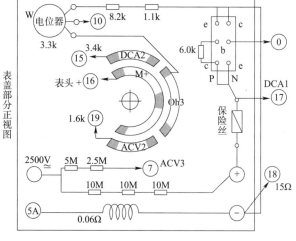

图 3-53 电路板电流表装配图

图 3-54 电路板导线连接图

图 3-55 装接三刀连片

3.4.6 学习评价

任务 3.4 学习评价表如表 3-13 所示。

任务 3.4 学习评价表　　　　　表 3-13

序号	项目	评价要点	分值（分）	得分
1	电阻焊接	要求管脚处理、位置正确，焊料量合适，焊接准时完成，焊点圆锥状，焊点光亮，无毛刺、无气孔，无助焊剂残留、高度合适，极性正确，焊接牢固。若助焊剂高度不合适、焊点有气孔、有毛刺、焊点不光亮、焊料多、摆放歪斜、剪脚过长一处扣 0.5 分；极性错误、漏焊、虚焊、假焊、搭焊、焊件不牢固一处扣 1 分；错装一处扣 2 分	20	
2	二极管焊接		5	
3	电解电容焊接		5	
4	裸导线焊接		20	
5	绝缘导线焊接		20	
6	整机装配		10	
7	安全、规范操作	操作安全、规范	5	
		表格填写工整	5	
8	5S 现场管理	按 5S 相关要求完成任务	10	
	总分		100	

项目 4
家居照明电路安装与测量

项目引入

家居照明中大部分照明灯具采用的是正弦交流电,还有一部分是正弦交流电经过整流转换成直流使用的,如直流发光二极管(Light Emitting Diode,LED)灯具。

本项目引导学习者从 220V 工频正弦交流电入户开始,设计白炽灯电路和荧光灯电路两种照明方式;考虑到照明实用性,在电路中加装一个电源插座,供给 LED 直流护眼灯使用;使用常见电工工具进行电路安装,能进行交流电流、电压、功率和电能等基本物理量的测量;针对荧光灯感性电路功率因数过低的情况提出有效手段。

参考《建筑照明设计标准》(GB/T 50034—2024)中的规定,本项目采用如下设计:

(1) 电源为 220V 工频正弦交流电。
(2) 白炽灯电路和荧光灯电路分别控制通断。
(3) 照明分支线路采用铜芯绝缘电线,分支线截面不得小于 1.5mm^2。
(4) 照明单相分支回路不宜大于 16A。
(5) 用于 LED 护眼灯的电源插座不宜和普通照明灯接在同一分支回路。
(6) 使用电感镇流器的气体放电灯(如荧光灯)应在灯具内设置电容补偿,功率因数不应低于 0.9。
(7) 对照明电路的电能消耗进行计量,并且具备漏电保护功能。

一个完整的家居照明电路应该从电气线路、灯具、电气控制与保护、电能计量等几方面进行选择、设计与安装。简单的家居照明常采用白炽灯照明、荧光灯照明、节能灯照明、局部照明等几种照明电路。由于大部分节能灯分别近似于白炽灯和荧光灯两类灯具,本项目不采用其作载体。设计照明电路如图 4-1 所示,220V 工频正弦交流电接入,电能表用于计量电路电能消耗,总断路器用于通断干路电路,带有漏电保护功能,分断路器用于通断照明支路电路,接单相电源插座和经开关接白炽灯、荧光灯照明电路。电路中主要元器件的图示及参数如表 4-1 所示。

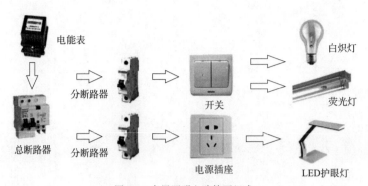

图 4-1　家居照明电路简要组成

家居照明电路中主要元器件图示及参数　　　　　表 4-1

图示	参数指标	图示	参数指标
	单相电能表:220V,50Hz,5(10)A		低压漏电断路器:DZ47LE,C10
	白炽灯:220V,60W		电源插座:10A
	荧光灯:T8,40W		双开单控开关:10A
	LED 直流护眼灯:220V,6~10W		电线:1.5mm² 铜芯绝缘电线

项目目标

1. 了解交流电的产生,掌握正弦交流电的三要素。

2. 能正确连接白炽灯电路,熟练使用仪表测量电路的电压和电流。

3. 能看懂荧光灯电路原理图,正确连接荧光灯电路,熟练使用仪表测量电路的电压和电流。

4. 了解谐振的概念以及它给生产生活带来的好处和危害。

5. 理解提高感性负载功率因数的方法和原理,会计算电容串、并联方式下的等效电容和耐压值。

6. 会使用万用表检测常用元器件的质量和判断电路故障。

7. 能正确选用电工仪表、使用电工工具连接家居照明电路。

8. 培养节约成本、质量第一、环保节能的意识。

9. 学会查阅资料、自主学习,培养踏实认真的态度、团结协作的能力。

班级_____ 姓名_____ 学号_____ 日期_____

任务 4.1　家居照明电路设计

4.1.1　任务描述

本任务引导学习者模拟一个简单家居环境,按照生活需要将照明电路、插座以及断路器、单相电能表等构成的完整家居照明电路设计出来,并按照相应的标准画出设计电路图等。

4.1.2　任务目标

▶ 知识目标

1. 熟悉各照明电路的组成部分。
2. 理解常见照明电路的接线方法。
3. 了解各常见电器件的安装标准。

▶ 能力目标

1. 会使用常见电工工具安装家居照明电路。
2. 会根据需要选线、选件设计照明电路。

▶ 素质目标

1. 安全文明操作,遵守操作规程。
2. 培养 5S 职业素养。
3. 培养团队协作意识,树立集体观念。

4.1.3　学习场地、设备与材料、课时数建议

学习场地

多媒体教室及实训室。

设备与材料

主要设备与材料如表 4-2 所示。

主要设备与材料　　　　　表 4-2

示意图					
名称	白炽灯	荧光灯	护眼灯	断路器	插座
示意图					
名称	开关	单相电能表	低压验电器	螺丝刀	电线

课时数

2 课时。

4.1.4 知识储备

一、家居照明的符号

图 4-2 为家居电路的设计实例。

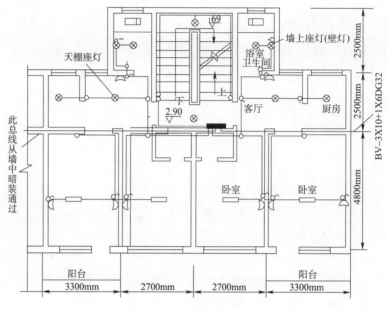

图 4-2 家居电路的设计实例

现代家居照明的元件主要有单相三极插座,单相二、三极插座,有线电视插座,电话插座,电脑网线,环绕音响,单极开关,双极开关,三极开关,四极开关,配电箱,弱电箱,吸顶灯,石英射灯,浴霸,镜前灯,吊灯,壁灯,空调机,可视门禁电话等。

二、设计说明

1. 设计依据

(1)《建筑内部装修设计防火规范》(GB 50222—2017)。

(2)《建筑照明设计标准》(GB/T 50034—2024)。

2. 设计范围

本住宅装修工程设计范围的强电施工图。

3. 供电安全

(1) 电源由楼层配电房引来。

(2) 客厅区域照度标准为 75lx,卧室为 30lx。

4. 安全措施

采用 TN-S 保护接地系统,设专用接地线 PE 并应与工作中性线严格分开,所有设备的金属外壳均应接地,空开元件采用某品牌,开关插座采用某品牌。

5. 设备安装及管线敷设

各回路导线均穿 B 型聚氯乙烯(Polyvinyl Chloride,PVC)线管:沿桥架或沿墙暗敷设。

6. 施工工艺及做法

(1) 严格按照国家标准《建筑电气工程施工质量验收规范》(GB 50303—2015)施工。

(2) 除有特殊标准和要求外,所有插座下口均距地面 0.3m,开关下口均距地 1.4m,距门框 0.2m。

7. 其他

(1) 如装饰局部有变动或修改,请密切配合施工。

(2)配电箱按系统图配装,导线回路详见电气系统施工图部分的线路标注。

(3)凡本图未注明之处参照国家有关规范图集施工。

三、设计需考虑的问题

电气照明施工图其图纸资料一般应包括电气平面布置图、照明供电系统图、局部安装制作大样图、施工说明及主要设备材料表,详细的还应包括防雷接地平面图等。

照明平面图设计一般从以下四个方面着手:

(1)在建筑平面图的基础上绘制出配电箱、灯具、开关、插座、线路等平面布置,标出配电箱、干线及分支线路回路的编号。

(2)标注出线路走向、引入线规格、线路敷设方式和标高、灯具型号容量及安装方式。

(3)多层建筑照明一般只绘制出标准层平面布置,对于较复杂的照明工程应绘制出局部平面图。

(4)图纸说明:电源电压、引入方式、照明负荷计算方法及容量、导线选型和敷设方式、设备安装高度、接地形式等。

从住宅楼照明平面图可看出总线从墙中暗装通过送到共用的照明配电箱(装在正对楼梯的墙上),住宅标高为 2.9m。各房间所有插座均为暗装,卧室为荧光灯,其余房间为白炽灯。

四、电气施工图的基本知识

1. 图幅

图纸的幅面尺寸有六种规格,即 A0、A1、A2、A3、A4、A5。对于同一个项目尽量使用同一种规格的图纸,这样整齐划一,适合存档和使用,便于施工。具体尺寸如表4-3所示。

2. 图标

图标亦称标题栏,是用来标注图纸名称(或工程名称、项目名称)、图号、比例、张次、设计单位、设计人员以及设计日期等内容的栏目。

图标的位置一般是在图纸的右下方,紧靠图纸边框线。

图标中文字的方向为看图的方向,即图中的说明、符号均以图标中的文字方向为准。

3. 比例

电气设计图纸的图形比例均应遵守国家制图标准绘制。一般不可能画得跟实物一样大小,而必须按一定比例进行放大或缩小。例如,普通照明平面图多采用 1:100 的比例,当实物尺寸太小时,则需按一定比例放大,如将实物尺寸放大 10 倍绘制的图纸,其比例标为 10:1。

一般情况下,照明平面布置图以 1:100 的比例绘制为宜;电力平面布置图多数以 1:100 的比例绘制,但少数情况下,也有以 1:50 或 1:200 的比例来绘制的。大样图可以适当放大比例。电气系统图、接线控制图可不按比例绘制,可绘制示意图。

4. 详图

在按比例绘制图样时,常常会遇到因某一部分的尺寸太小而使该部分模糊不清的情况。为了详细表明这些地方的结构、做法及安装工艺要求,可采用放大比例的办法,将这些细部单独画出,这种图称为详图。

有的详图与总图在同一张图纸上,也有的详图与总图不在同一张图纸上,这就要求用一种标志将详图与总图联系起来,使读图方便。我们将这种联系详图与总图的标志称为详图索引标志。详图索引标志如图 4-3 所示。

图幅尺寸(单位:mm) 表 4-3

幅面代号	A0	A1	A2	A3	A4	A5
宽×长	841×1189	594×841	420×594	297×420	210×297	148×210
边宽	10	10	10	10	10	10
装订侧边宽	25	25	25	25	25	25

a) 1号详图与总图画在一张图上

b) 2号详图画在第3号图纸上

c) 3号详图被索引在本张图纸上

d) 4号详图被索引在第2号图纸上

图 4-3 详图索引标志

5. 图线

图线中的各种线条均应符合制图标准中的有关要求。电气工程图中,常用的线形有:粗实线、虚线、波浪线、点画线、双点画线、细实线。

一般一次回路用粗实线绘制,二次回路用细实线绘制。

6. 字体

图纸中的汉字一般采用直体长仿宋体。图中书写的各种字母和数字,采用斜体(右倾斜与水平成75°角),当与汉字混合书写时,可采用直体字。物理量符号用斜体。汉字的笔画粗细为字高的1/15。各种字母和数字的笔画粗细约为字高的1/7或1/8。字体的宽度约为高度的2/3。各种字体从左到右横向书写,排列整齐,不得滥用不规范的简化字和繁体字。

7. 标高

在照明电气图中,为了将电气设备和线路安装或敷设在预想的高度,必须采取一定的规则标出电气设备安装高度。这种在图纸上确定的电气设备的安装高度或线路的敷设高度,称为标高(图4-4)。通常以建筑物室内的地平面作为标高的零点。高于零点的标高,以标高数字前面加"+"号表示;低于零点的标高,以标高数字前面加"−"号表示,标高的单位用"米"表示,标高的图形符号如图4-4所示。

a) 用于室内平面,剖面图上　　b) 用于总平面图上的室外地面

图4-4　标高

笔记区

4.1.5 任务实施

技能训练 4-1　家居照明电路设计

班级		姓名		日期	
同组人					

工作准备

▶ 查一查

上网查找资料,填写表 4-4。

符号填写表　　　　　　　　　　　　　表 4-4

符号	表示意义	符号	表示意义
	单相三极插座		单相二、三极插座
	有线电视插座		电话插座
	电脑网线		环绕音响
	单极开关		双极开关
	配电箱		弱电箱
	吸顶灯		石英射灯
	浴霸		镜前灯
	吊灯		

▶ 画一画

小组讨论居家所需电器件及安装位置,分工绘制照明线路布置图。

实施步骤

1. 按图 4-5 所示电路进行连接安装。注意:断路器 L、N 端子应按产品实际标注接线,使断开点接相线上。

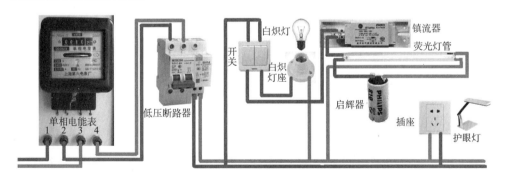

图 4-5　家居照明电路的电气连接示意图

2. 经教师检查线路后通电。

3. 出现的问题总结为:_____。

4.1.6　学习评价

任务 4.1 学习评价表如表 4-5 所示。

任务 4.1 学习评价表

表 4-5

序号	项目	评价要点	分值(分)	得分
1	元件安装	元件安装牢固、匀称,元件没有损坏	20	
2	线路敷设	接线符合工艺要求,接线紧固,电气接触良好,没有损伤导线绝缘层,相线用红色,中性线用绿色	20	
3	通电运行	出现故障能及时排除,不出现短路故障,不违反操作规程	15	
4	安全、规范操作	操作规范,爱护仪器仪表设备,出现问题及时汇报反馈	15	
5	5S 现场管理	按 5S 相关要求完成任务	15	
6	团队协作	互相配合,积极主动,协作意识强	15	
		总分	100	

班级_____ 姓名_____ 学号_____ 日期_____

任务 4.2　单相照明电路电源认知

4.2.1　任务描述

本任务引导学习者使用信号发生器产生正弦信号波形(图 4-6),借助示波器观察测量正弦信号波形的峰-峰值并计量其变化周期,利用晶体管毫伏表和交流电压表对相关电流、电压进行测量并对比测量数据等。

 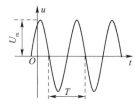

图 4-6　示波器和单相交流电波形

4.2.2　任务目标

▶ 知识目标

1. 了解电力系统中电能的产生、传输、分配、转换的过程。
2. 掌握正弦交流电的三要素,理解最大值和有效值,角频率、周期和频率,相位、初相位和相位差的概念和相互关系。
3. 理解正弦交流电的表示方法以及相互间的关系。

▶ 能力目标

1. 会使用示波器观察正弦交流电的波形。
2. 会使用调压器、信号发生器调节输出电压。
3. 能指出正弦量的三要素,并进行相关计算。

▶ 素质目标

1. 培养爱岗敬业、热情主动、进取上进的作风。
2. 培养节能意识、规范操作的意识和习惯。
3. 培养 5S 职业素养。

4.2.3　学习场地、设备与材料、课时数建议

 学习场地

多媒体教室及实训室。

 设备与材料

主要设备与材料如表 4-6 所示。

主要设备与材料　　表 4-6

示意图					
名称	示波器	信号发生器	单相调压器	万用表	晶体管毫状表

课时数

2 课时。

4.2.4 知识储备

一、认识正弦交流电

从时间变化的角度来看电路中的电压和电流一般可以分为两类：一类是大小和方向不随时间变化的直流量；另一类是大小和方向都随时间做周期性变化的周期量，如图 4-7a)所示。若周期量在一个周期内波形面积平均值为零，则称为交流量，如图 4-7b)所示。若交流量随时间按正弦规律变化，则称为正弦交流量，简称正弦量，如图 4-7c)所示。

从图 4-7c)中可以看出，正弦量的大小随时间按正弦规律变化，任一瞬间都有确定的大小和方向，此时的数值称为瞬时值。瞬时值是时间 t 的函数，常用小写字母 e、i、u 表示正弦交流电动势、正弦交流电流、正弦交流电压的瞬时值。

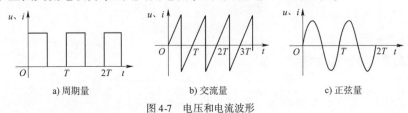

a) 周期量　　　　b) 交流量　　　　c) 正弦量

图 4-7　电压和电流波形

二、正弦交流电的产生

电能是现代人类生产和生活中不可缺少的能源。电力从生产到供给用户应用，一般经过发电、升压、输电、变电、配电、用电等环节。某城市电力系统示意图如图 4-8 所示。

发电厂发出的往往都是三相交流电，而我们生活中常用的是单相交流电，可以看作三相交流电中的一相。下面通过交流发电机工作原理介绍单相交流电的产生。

图 4-9 中所示矩形线圈 $abcd$ 在匀强磁场中做匀速运动，观察电流表指针摆动规律。线圈每转一周，指针左右摆动一次。表明线圈里产生感应电流，并且感应电流的大小和方向随时间做周期性变化。

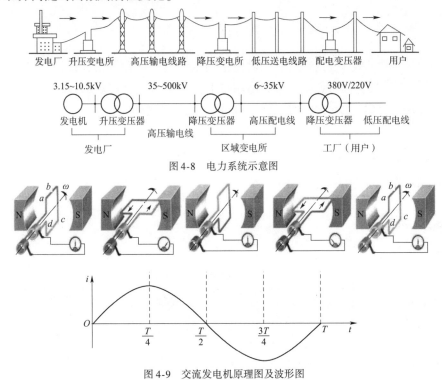

图 4-8　电力系统示意图

图 4-9　交流发电机原理图及波形图

图 4-10 所示为一匝线圈的横截面示意图。与磁感应线垂直的平面称为中性面,假定线圈平面从与中性面夹角 φ_0 处开始,沿逆时针方向匀速运动,角速度 ω,单位 rad/s。经过时间 t 后,线圈转过了角度 ωt,线圈平面与中性面的夹角为 $\omega t + \varphi_0$。设线圈 ab 边和 cd 边的长度为 l,磁场磁感应强度为 B,由于两条边中的感应电动势大小相同,相当于串联在一起,所以此时整个线圈中的感应电动势 e 可用下式来表示:

$$e = 2Blv\sin(\omega t + \varphi_0)$$

当线圈平面转到与磁感应线垂直时,感应电动势 e 达到最大值,用 E_m 来表示,即 $E_m = 2Blv$,代入上式得到:

$$e = E_m\sin(\omega t + \varphi_0)$$

式中: e ——电动势的瞬时值, V;

E_m ——电动势的最大值, V。

由上式可知,线圈中的感应电动势是按正弦规律变化的。

同样,电压和电流的正弦解析式为:

$$u = U_m\sin(\omega t + \varphi_u)$$
$$i = I_m\sin(\omega t + \varphi_i)$$

正弦量的变化规律也可以用波形图直观地表示出来,如图 4-11 所示。

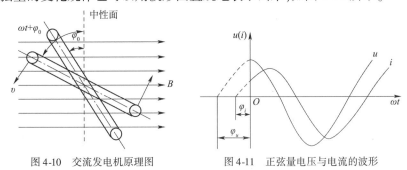

图 4-10 交流发电机原理图　　图 4-11 正弦量电压与电流的波形

三、正弦量的三要素

对正弦量 $e = E_m\sin(\omega t + \varphi_0)$ 而言,电动势 e 是时间 t 的正弦函数,E_m、ω、φ_0 决定了正弦量的幅度大小、变化快慢和初始状态,分别称为正弦量的最大值、角频率和初相位,它们是确定正弦量的三要素。

1. 最大值和有效值

正弦交流电在变化过程中,其瞬时值正的最大数值就称为最大值,从波形图上看为波形的最高点,也称为振幅。最大值用带下标 m 的大写字母表示,如 E_m、I_m、U_m。

电路中正弦量的瞬时值和最大值不能准确地反映出能量转换情况,因此引入有效值概念,用大写字母表示,如 E、I、U。

如图 4-12 所示电路,调节交流电源电压,使灯泡的亮度与直流电路中相同灯泡的亮度一致,即在正弦交流电流的一个周期 T 内,直流电流 I 和正弦交流电流 i 通入相同的电阻产生的热量相等,则将直流电流 I 称为交流电流 i 的有效值。正弦量有效值与最大值之间的关系为: $I = \dfrac{I_m}{\sqrt{2}}$, $U = \dfrac{U_m}{\sqrt{2}}$, $E = \dfrac{E_m}{\sqrt{2}}$。

a) 直流电路　　b) 交流电路

图 4-12 正弦量的有效值

正弦量的有效值广泛应用于实际中,如民用电压220V,动力电压380V;常用的交流电压表、电流表指示数值;交流电气设备铭牌标注的额定值都指有效量。一般只有在分析电气设备、元器件、绝缘材料的击穿情况时才采用最大值。

2. 角频率、周期和频率

(1)角频率。正弦表达式中 t 的系数 ω 称为正弦量的角频率,即正弦量在1s时间内变化的电角度,其单位是弧度/秒(rad/s)。

(2)周期。周期是指正弦量 e 按正弦规律变化一周所需的时间,用 T 表示,其单位为秒(s)。角频率与周期的关系为:

$$\omega = \frac{2\pi}{T}$$

(3)频率。频率是指正弦量在1s时间内变化的周期数,用 f 表示,其单位为赫兹(Hz)。根据定义可知频率与周期互为倒数,即:

$$f = \frac{1}{T}$$

角频率、周期和频率都是用来表示正弦量变化快慢的物理量,三者之间的关系为:

$$\omega = \frac{2\pi}{T} = 2\pi f$$

我国和大多数国家,发电厂提供的正弦交流电频率为50Hz,其周期0.02s,角频率314(或100π)rad/s,这一频率为电力工业的标准频率,简称工频。

3. 初相位和相位差

(1)初相位。正弦量 $e = E_m\sin(\omega t + \varphi_0)$ 中的 $(\omega t + \varphi_0)$ 表示图4-10中线圈平面与中性面任意时刻的夹角,它决定了该时刻线圈的位置和线圈中感应电动势 e 的大小、方向和变化趋势,称为正弦量的相位。当 $t = 0$ 时刻,相位为 φ_0,它决定了计时起点的位置和线圈中感应电动势 e 的大小、方向和变化趋势,称为正弦量 e 的初相位,简称初相。习惯规定 $|\varphi_0| \leq \pi$。

相位和初相都和计时起点的选择有关,选择不同计时起点相位和初相都随之发生变化,如图4-13所示。

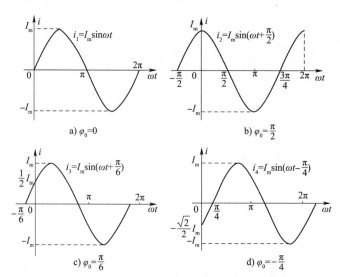

图4-13 不同计时起点的电流正弦量波形和解析式

(2)相位差。两个同频率交流电的相位之差叫作它们的相位差,用 φ 表示。假设两个同频正弦量:

$$u = U_m\sin(\omega t + \varphi_u), i = I_m\sin(\omega t + \varphi_i)$$

u 与 i 的相位差为:

$$\varphi_{ui}=(\omega t+\varphi_u)-(\omega t+\varphi_i)=\varphi_u-\varphi_i$$

可见,两同频正弦量的相位差等于它们的初相之差,与计时起点的选择无关。

任意两个同频正弦量的相位关系如下。

(1) 同相:$\varphi_{ui}=\varphi_u-\varphi_i=0$,$\varphi_u=\varphi_i$,则称电压 u 与电流 i 同相。如图4-14a)所示。

(2) 反相:$\varphi_{ui}=\varphi_u-\varphi_i=\pm\pi$,$\varphi_u=\varphi_i\pm\pi$,则称电压 u 与电流 i 反相。如图4-14b)所示。

(3) 正交:$\varphi_{ui}=\varphi_u-\varphi_i=\pm\dfrac{\pi}{2}$,$\varphi_u=\varphi_i\pm\dfrac{\pi}{2}$,则称电压 u 与电流 i 正交。如图4-14c)所示。

(4) 超前与滞后:若电压 u 与电流 i 的相位差 $0<\varphi_{ui}<\pi$,则称电压 u 超前于电流 i 或电流 i 滞后于电压 u;若电压 u 与电流 i 的相位差 $-\pi<\varphi_{ui}<0$,则称电压 u 滞后于电流 i 或电流 i 超前于电压 u。

四、正弦量的表示方法

正弦交流电可以用解析式、波形图、相量图、相量(复数形式)表示。下面各表示方法均赋予相同条件,正弦电压 u 三要素分别为:$U_m=220\sqrt{2}\,\text{V}$,$\omega=314\,\text{rad/s}$,$\varphi_u=60°$。

1. 解析式表示法

将已知条件代入电压正弦解析式可得:

$$u=U_m\sin(\omega t+\varphi_u)=220\sqrt{2}\sin(314t+60°)\,(\text{V})$$

如果时间 t 已知,代入解析式可以求解任意时刻的瞬时值。

2. 波形图表示法

以 t 或 ωt 为横轴,以电压 u 为纵轴,标注原点 0 和电压单位 V,建立平面直角坐标系。由于距离原点最近的零点横坐标与初相是相反数,从 $-60°$ 位置采用"五点法作图",按照正弦规律画出波形图,标出电压最大值 $220\sqrt{2}\,\text{V}$,如图4-15 所示。

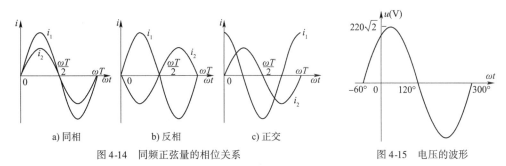

图4-14 同频正弦量的相位关系   图4-15 电压的波形

3. 相量图表示法

正弦交流电也可用旋转矢量表示,如图4-16所示。波形图上任意一点,左边的旋转矢量图上都能找到对应的有向线段与之对应。旋转矢量以角速度 ω 逆时针旋转,线段长度与最大值相同,初始位置与 x 轴夹角等于初相位 φ_0。可见,旋转矢量也具备了正弦量的三要素特征,一个正弦量可以用一个旋转矢量表示。

显然,对于旋转矢量,没有必要把它的每一个瞬间位置都画出来,只需画出它的起始位置即可。起始位置的有向线段称为相量,因为其长度是最大值,也叫最大值相量,用最大值上面加"·",如 $\dot{E}_m$、$\dot{I}_m$、$\dot{U}_m$ 来表示。应用中往往常用有效值来表示相量的长度,则称为有效值相量,表示为 $\dot{E}$、$\dot{I}$、$\dot{U}$。把几个相量画在图上,称为相量图,如图4-17a)所示。按前面所给要求画的相量图如图4-17b)所示。

4. 相量表示法

在复平面上用复数的极坐标形式表示正弦量的相量,相量的长度代表复数的模,相量与实轴正半轴的夹角为复数的辐角。复数的模表示正弦量的有效值,辐角表示正弦量的初相位,这种表示正弦量的方法称为相量表示法。电动势 e、电流 i、电压 u 对应的最大值相量和有效值相量表示方法如下:

$$\dot{E}_m = E_m \angle \varphi_e, \dot{I}_m = I_m \angle \varphi_i, \dot{U}_m = U_m \angle \varphi_u$$

$$\dot{E} = E \angle \varphi_e, \dot{I} = I \angle \varphi_i, \dot{U} = U \angle \varphi_u$$

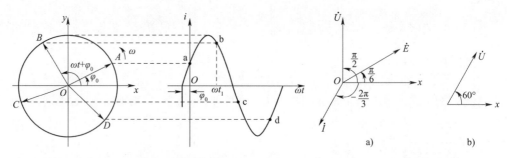

图 4-16　正弦电流的旋转矢量　　　　图 4-17　正弦电量的相量

按前面要求可直接写出电压的最大值相量和有效值相量为:

$$\dot{U}_m = U_m \angle \varphi_u = 220\sqrt{2} \angle 60°$$

$$\dot{U} = U \angle \varphi_u = 220 \angle 60°$$

笔记区

知识拓展

1. 信号发生器的使用

图 4-18 所示为 YB1602 函数信号发生器面板,该面板主要包含以下部分:

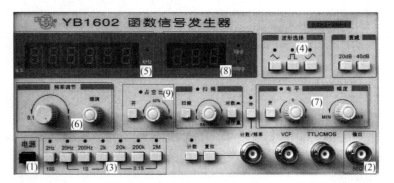

图 4-18　YB1602 函数信号发生器面板

(1) 电源按钮。
(2) 信号输出电压范围：$20V_{p-p}(1M\Omega)$、$10V_{p-p}(50\Omega)$。
(3) 频率范围选择按钮。
(4) 波形选择按钮：三角波、方波、正弦波等。
(5) 频率显示屏。
(6) 频率调节旋钮及微调旋钮。
(7) 电平及幅度(幅值)调节旋钮。
(8) 峰峰值显示屏。
(9) 占空比选择。

2. 示波器的使用

YB43020BF 示波器面板如图 4-19 所示，其主要按键及旋钮的功能如下：

(1) 电源开关：按入此开关，仪器电源接通，指示灯亮。
(2) 聚焦：用以调节示波管电子束的焦点，使显示的光点成为细而清晰的圆点。

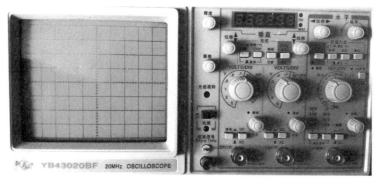

图 4-19　YB43020BF 示波器面板

(3) 校准信号：此端口输出幅度(幅值)为 0.5V，频率为 1kHz 的方波信号。
(4) 垂直位移：用以调节光迹在垂直方向的位置。
(5) 垂直方式：选择垂直系统的工作方式。CH1：只显示 CH1 通道的信号。CH2：只显示 CH2 通道的信号。交替：用于同时观察两路信号，此时两路信号交替显示，该方式适合于在扫描速率较快时使用。断续：两路信号断续工作，适合于在扫描速率较慢时使用，同时观察两路信号。叠加：用于显示两路信号相加的结果，当 CH2 极性开关被按入时，则两信号相减。CH2 反相：按入此键，CH2 的信号被反相。
(6) 灵敏度选择开关(VOLTS/DIV)：选择垂直轴的偏转系数，从 5mV/div～5V/div，分 10 个挡级调整，可根据被测信号的电压幅度(幅值)选择合适的挡级。
(7) 微调：用以连续调节垂直轴偏转系数。
(8) 耦合方式(AC、DC、GND)：垂直通道的输入耦合方式选择。AC：信号中的直流分量被隔开，用以观察信号的交流成分。DC：信号与仪器通道直接耦合，当需要观察信号的直流分量或被测信号的频率较低时应选用此方式。GND：输入端处于接地状态，用以确定输入端为零电势时光迹所在位置。
(9) 水平位移：用于调节光迹在水平方向的位置。
(10) 电平：用于调节被测信号在变化至某一电平时触发扫描。
(11) 极性：用于选择被测信号在上升沿或下降沿触发扫描。
(12) 扫描方式：选择产生扫描的方式。自动：当无触发信号输入时，屏幕上显示扫描光迹，一旦有触发信号输入，电路自动转换为触发扫描状态，此方式适合观察频率在 50Hz 以上的信号。常态：无信号输入时，屏幕上无光迹显示，有信号输入时，且触发电平旋钮在合适位置上，电路被触发扫描，当被测信号频率低于 50Hz 时，必须选择该方式。锁定:仪器工作在锁定状态后,无须调节电平即可使波形稳定显示在屏幕上。单次:用于产生单次扫描,进入单次状态后,按动复位键,电路工作在单次扫描方式,扫描电路处于等待状态,当触发信号输入时,扫描只产生一次,下次扫描需再次按动复位按键。

(13)×5 扩展:按入后扫描速度扩展 5 倍。

(14)扫描速率选择开关(SEC/DIV):根据被测信号的频率高低,选择合适的挡级。当扫描"微调"置于校准位置时,可根据度盘的位置和波形在水平轴的距离读出被测信号的时间参数。

(15)微调:用于连续调节扫描速率。

(16)触发源:用于选择不同的触发源。CH1/CH2:在双踪显示时,触发信号来自CH1/CH2 通道,单踪显示时,触发信号则来自被显示的通道。交替:在双踪交替显示时,触发信号交替来自两个 Y 通道,此方式用于同时观察两路不相关的信号。外接:触发信号来自外接输入端口。

笔记区

4.2.5 任务实施

技能训练 4-2　单相照明电路电源认知

班级		姓名		日期	
同组人					

⚛ 工作准备

▶ 谈一谈

家庭中哪些电器是使用交流电的？额定工作电压是多少？

▶ 写一写

1. 电力从生产到供给用户应用，一般经过_____等环节。
2. 正弦交流电的三要素是：_____、_____和_____。
3. 初相位与计时起点的选择_____，相位差与计时起点的选择_____。

▶ 算一算

1. 家庭用电通常为 220V 交流电，工频，则频率为_____Hz，最大值为_____V。
2. 已知某正弦交流电频率为 100Hz，则角频率 ω = _____ rad/s，周期 T = _____ s。
3. 已知某正弦交流电压 $u = 200\sin(314t + 45°)$ V，则其最大值 U_m = _____，有效值 U = _____，角频率 ω = _____，初相位 φ_u = _____。
4. 某电压 $u = 220\sqrt{2}\sin(\omega t + 90°)$ V，电流 $i = 5\sqrt{2}\sin(\omega t + 60°)$ A，计算两者之间的相位差为 φ_{ui} = _____，说明两者相位关系为_____。写出两解析式对应的有效值相量，$\dot{U}$ = _____，$\dot{I}$ = _____。

▶ 查一查

220V 交流电对人身来说会造成电击、电伤伤害，甚至造成死亡。请查询资料回答，目前高压与低压的界线是多少？家庭用电属于哪一种？多少伏电压对人体不会造成伤害。

▶ 画一画

1. 在图 4-20 中画出 u_1 和 u_2 同相、反相和正交三种相位关系的波形图。

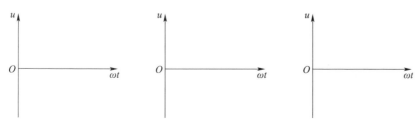

图 4-20　同相、反相、正交波形图

2. 在图 4-21 中画出 $i = 4\sqrt{2}\sin(\omega t + 60°)$ A 的波形图及相量图。

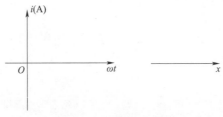

图 4-21 波形图、相量图

▶ 认一认

识读表 4-7 中的设备,将名称填入相应位置。

常用仪器仪表　　　　　　　　　　　　　　　　表 4-7

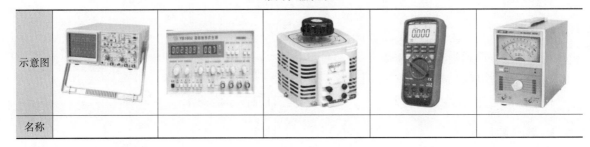

示意图					
名称					

实施步骤

1. 将单相调压器的电压输出值端连接到示波器的输入端,使用交流电压表测量输出为 30V,观察波形稳定后的情况,并填写表 4-8 中的空白格。

测量数据　　　　　　　　　　　　　　　　　　表 4-8

单相调压器输出值	示波器显示峰-峰值	工频/周期	示波器显示周期
30V		50Hz/0.02s	

从数据看出,峰-峰值与有效值的关系为:_____。

2. 将信号发生器输出频率调为 $f = 1\text{kHz}$,波形为正弦波。由小到大调节输出信号电压为 5V,用示波器和晶体管毫伏表分别测量信号电压并做记录,填入表 4-9 中,画出波形图。

测量数据　　　　　　　　　　　　　　　　　　表 4-9

波形	正弦波	波形图
信号频率(kHz)	1	
输出信号电压(V)	5	
示波器(V)		
晶体管毫伏表(V)		

将示波器与晶体管毫伏表的测量数据和信号发生器的输出电压进行比较可知,示波器显示的电压是_____值,晶体管毫伏表显示的电压是_____值。

3. 将示波器连接到信号发生器的输出端,信号输出调节为 $U_{峰-峰} = 5\text{V}$,波形选择为方波,频率调节为 200Hz、1500Hz、5kHz,记录示波器测出的信号电压大小及频率,填入表 4-10 中,选取其中一组数据画出波形图。

测量数据　　　　　　　　　　　　　　　　　表4-10

项目	信号发生器	示波器	波形图
波形	方波		
电压(V)	5		
频率(Hz)	200		
	1500		
	5000		

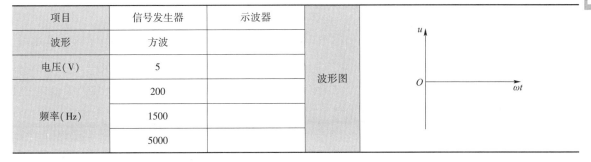

4.2.6 学习评价

任务4.2学习评价表如表4-11所示。

任务4.2学习评价表　　　　　　　　　　表4-11

序号	项目		评价要点	分值(分)	得分
1	仪器仪表使用	电压输出	单相调压器使用正确	10	
			信号发生器使用正确	15	
		观察波形	示波器接线正确	10	
			正确调整波形	10	
			会绘制波形	10	
		电压测量	晶体管毫伏表使用正确	10	
			示波器使用正确	10	
2	安全、规范操作		操作安全、规范	10	
			表格填写工整	5	
3	5S现场管理		工作台面整洁干净	5	
			工具仪表归位放置	5	
	总分			100	

电工技术基础与技能

班级_____ 姓名_____ 学号_____ 日期_____

任务 4.3　白炽灯电路安装与测量

4.3.1　任务描述

本任务引导学习者借助常用电工工具,如斜口钳、电工刀、剥线钳、试电笔等,将白炽灯、电线、开关、单相低压断路器连接安装成白炽灯照明电路,并使用常用电工仪表,如交流电压表、交流电流表、功率表、电能表对电路中的电压、电流、功率、电能进行测量。

4.3.2　任务目标

▶ 知识目标

1. 掌握交流电路中纯电阻元件电压与电流之间的数值关系、相位关系。
2. 理解有功功率的概念,掌握纯电阻交流电路的有功功率计算式。

▶ 能力目标

1. 会识读电阻元件参数,分析计算纯电阻电路电压、电流关系,计算电压、电流和功率。
2. 能使用万用表、交流电压表、交流电流表、功率表测量交流纯电阻电路的物理量。
3. 会使用低压验电器检测线路带电情况。
4. 能正确安装白炽灯照明电路。

▶ 素质目标

1. 通过使用电工工具和电工仪表,培养规范操作意识、安全意识。
2. 培养团结协作、爱岗敬业、积极进取的工作态度。
3. 养成工作台面整洁、仪表工具摆放有序的习惯,培养 5S 意识。

4.3.3　学习场地、设备与材料、课时数建议

学习场地

多媒体教室及实训室。

设备与材料

主要设备与材料如表 4-12 所示。

主要设备与材料　　　　表 4-12

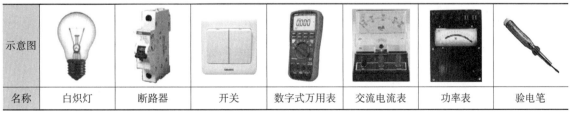

示意图							
名称	白炽灯	断路器	开关	数字式万用表	交流电流表	功率表	验电笔

课时数

2 课时。

4.3.4 知识储备

纯电阻电路是最简单的交流电路,它是由交流电源和纯电阻元件组成的。在日常生活和工作中接触到的白炽灯、电炉子、电烙铁、电饭煲等都属于纯阻性负载,如图 4-22 所示。

a) 白炽灯　　b) 电炉子　　c) 电烙铁　　d) 电饭煲

图 4-22　纯阻性负载

一、纯电阻交流电路中电压与电流的关系

如图 4-23a) 所示,选择 u_R 与 i 的参考方向一致。假设电阻中通入正弦电流为:

$$i = \sqrt{2}I\sin\omega t$$

根据欧姆定律,电阻两端的电压为:

$$u_R = R \times i = \sqrt{2}RI\sin\omega t = \sqrt{2}U_R\sin\omega t$$

其中:$U_R = RI$。

比较 u_R 与 i 的瞬时值表达式,得出两者三要素间的关系:

(1) 电阻电压 u_R 与电流 i 是同频率的正弦量。

(2) 电压 u_R 与电流 i 同相,即 $\varphi_{ui} = \varphi_{0u} - \varphi_{0i} = 0, \varphi_{0u} = \varphi_{0i}$。

(3) U_R 或 UI 或 $U_{Rm} = RI_m$,符合欧姆定律。

电阻电压 u_R 与电流 i 的波形和相量图,如图 4-23b)、图 4-23c) 所示。

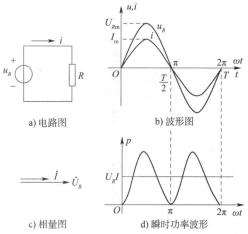

a) 电路图　　b) 波形图

c) 相量图　　d) 瞬时功率波形

图 4-23　纯电阻电路的电路图、波形图、相量图及瞬时功率的波形

二、纯电阻交流电路的功率

1. 瞬时功率

对于任意一段电路,当其端电压 u 与流过的电流 i 参考方向一致时,则这段电路的瞬时功率为:

$$p = ui$$

图 4-23a) 中电阻元件的瞬时功率为:

$$p = u_R i = \sqrt{2}U_R\sin\omega t \times \sqrt{2}I\sin\omega t = 2U_R I\sin^2\omega t = U_R I(1 - \cos2\omega t)$$

瞬时功率的波形如图 4-23d) 所示。由于电阻电压与电流同相,即 u_R 与 i 的实际方向总是相同的,所以电路的瞬时功率总是大于或等于零。因此电阻总是吸收功率、

消耗电能的耗能元件。

2. 平均功率

工程上常用平均功率来衡量电路消耗功率的大小。瞬时功率在一个周期内的平均值称为平均功率,用大写字母 P 表示。根据瞬时功率表达式得到电阻元件的平均功率为:

$$P = U_R I = I^2 R = \frac{U_R^2}{R}$$

式中:U_R、I——交流电的有效值。

平均功率又称为有功功率,其 SI 单位为瓦特(W),实际中也常用千瓦(kW)。

【例 4-1】 一个"220V、60W"的白炽灯泡,接在 $u = 220\sqrt{2}\sin(314t + 60°)$ V 的电源上使用。求:①灯泡的电阻值 R;②电流的有效值和解析式;③画出电压、电流的相量图。

解:①由 $P = \dfrac{U^2}{R}$ 得:

$$R = \frac{U^2}{P} = \frac{220^2}{60} \approx 807(\Omega)$$

②电流的有效值为:

$$I = \frac{P}{U} = \frac{60}{220} \approx 0.273(A)$$

或:

$$I = \frac{U}{R} = \frac{220}{807} \approx 0.273(A)$$

注:后式中电阻 R 已有误差,因此使用前式计算更好。

电流的角频率和初相分别为:

$$\omega = 314\,\text{rad/s}, \varphi_{0i} = \varphi_{0u} = 60°$$

所以电流的解析式为:

$$i = 0.273\sqrt{2}\sin(314t + 60°)\ (A)$$

③电压和电流的相量图,如图 4-24 所示。

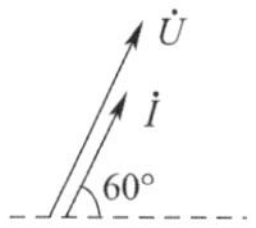

图 4-24 电压和电流的相量图

4.3.5 任务实施

技能训练 4-3　白炽灯电路安装与测量

班级		姓名		日期	
同组人					

工作准备

▶ 谈一谈

白炽灯电路由哪些元器件组成？

▶ 认一认

将图 4-25 中纯阻性负载圈出来。

图 4-25　家庭常用负载

▶ 写一写

纯电阻交流电路中，比较电压与电流三要素间的关系，将结论写在下面。
1. 最大值：
2. 角频率：
3. 初相位：

▶ 算一算

1. 已知电阻 $R = 5\Omega$，通过正弦交流电流为 $i = 4\sqrt{2}\sin(314t + 30°)$ A，则 $U_m =$ _____，$\omega_u =$ _____，$\varphi_u =$ _____，电压瞬时表达式为 $u =$ _____。

2. 已知电阻 $R = 4\Omega$，端电压为 $u = 12\sin(100t + 60°)$ V，则 $I_m =$ _____，$\omega_i =$ _____，$\varphi_i =$ _____，电流瞬时表达式为 $i =$ _____。

▶ 画一画

已知 6Ω 的电阻端电压为 $u = 12\sin(100t - 60°)$ V，在表 4-13 中画出电压与电流的波形图和相量图，并做出标注。

电压与电流的波形图和相量图　　　　表 4-13

波形图	相量图

▶ **查一查**

请查一查常见电气设备的铭牌上标注的额定功率,想一想这一功率表示的是该设备的瞬时功率还是有功功率?

▶ **记一记**

电阻元件的平均功率为:$P = U_R I = I^2 R = \dfrac{U_R^2}{R}$,单位为_____,公式中 U_R 和 I 都是交流电的_____。

▶ **算一算**

将一个电阻为 484Ω 的白炽灯,接到电压 $u = 220\sqrt{2}\sin\left(314t - \dfrac{\pi}{3}\right)$V 的交流电源上,补充下列计算过程。

解:已知 $R =$ _____,$U =$ _____,$\omega_u =$ _____,$\varphi_u =$ _____;

则白炽灯流过的电流 $I = \dfrac{U}{R} =$ _____ $=$ _____(A);

消耗的功率 $P =$ _____ $=$ _____ $=$ _____(W)。

实施步骤

1. 连接低频信号电阻电路。

按图 4-26 连接电路,顺序操作:①按电源按钮;②选择正弦波形;③选择 20Hz 频率;④频率调节为 5Hz 电压信号;⑤调节输出电压为 4V。当开关 6 闭合时,观察电压表和电流表的指针偏转情况,总结规律,填入表 4-14。

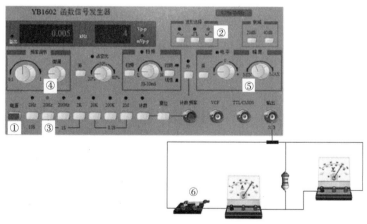

图 4-26　纯电阻电路实验

总结规律 表4-14

对比	偏转是否同步	初相位是否相同	U/I是否约等于R
是/否			

2. 连接白炽灯电路。

白炽灯连接电路如图4-27所示,步骤如下:

(1)使用低压验电器区分单相交流电源的相线和中性线。与实际标注是否相同。(是/否)

(2)断开电源,将相线连接到开关接线桩。

(3)开关的另一个接线桩接白炽灯灯座舌头部分的接线桩(中心触点接相线,螺纹部分接中性线)。

(4)将灯座的另一个接线桩连接到中性线。

(5)闭合开关,观察白炽灯情况(亮/不亮)。

不亮请检查并记录故障原因:_____。

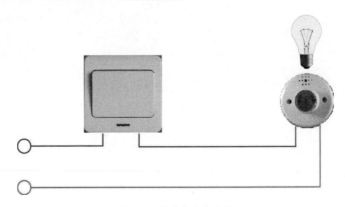

图4-27 白炽灯连接电路

(6)加装仪表,如图4-28所示。测量数据,记录于表4-15中。

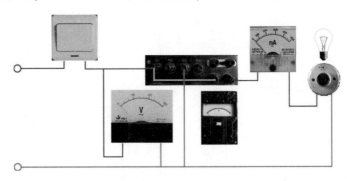

图4-28 白炽灯测量电路

白炽灯额定参数及测量数据 表4-15

白炽灯参数	电流(mA)	电压(V)	功率(W)
____W,____V			

3. 总结归纳。

纯电阻交流电路中,电压和电流为同频正弦量,并且同步变化,初相位相同,有效值满足欧姆定律。

4.3.6 学习评价

任务4.3学习评价表如表4-16所示。

任务 4.3 学习评价表

表 4-16

序号	项目		分值(分)	得分
1	仪器仪表使用	电压输出	10	
		观察波形	15	
		电压、电流、功率测量	25	
2	白炽灯电路的连接		25	
3	安全、规范操作		15	
4	5S 现场管理		10	
	总分		100	

电工技术基础与技能

班级_____ 姓名_____ 学号_____ 日期_____

任务 4.4 荧光灯电路安装与测量

4.4.1 任务描述

本任务引导学习者借助常用电工工具,如斜口钳、电工刀、剥线钳、试电笔等,将荧光灯、镇流器、启辉器、电线、开关、断路器等连接成荧光灯照明电路,并使用常用电工仪表,如交流电压表、交流电流表、功率表、电能表对电路中的电压、电流、功率进行测量。

4.4.2 任务目标

▶ 知识目标

1. 掌握交流电路中纯电感元件电压与电流之间的数值关系、相位关系。
2. 理解感抗的概念以及与频率之间的关系。
3. 理解 RL 串联电路中阻抗的概念,掌握阻抗三角形和电压三角形的内容。
4. 理解无功功率的概念,掌握纯电感交流电路中的无功功率计算式。

▶ 能力目标

1. 会分析计算纯电感电路的电压、电流关系,计算电压、电流、无功功率及储能。
2. 会使用万用表、交流电压表、交流电流表、功率表测量荧光灯电路的物理量。
3. 能正确安装荧光灯照明电路。

▶ 素质目标

1. 通过使用电工工具和电工仪表,培养规范操作意识、安全意识。
2. 培养团结协作、爱岗敬业的工作态度。
3. 养成工作台面整洁、仪表工具摆放有序的职业素养,培养 5S 意识。

4.4.3 学习场地、设备与材料、课时数建议

学习场地

多媒体教室及实训室。

设备与材料

主要设备与材料如表 4-17 所示。

主要设备与材料　　　　　表 4-17

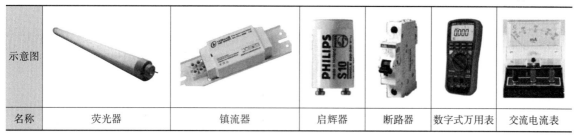

示意图						
名称	荧光器	镇流器	启辉器	断路器	数字式万用表	交流电流表

课时数

2 课时。

4.4.4 知识储备

在实际电路中,经常用到由导线绕制而成的电感线圈,如荧光灯电路中的镇流器、收音机电路中的天线线圈等。常见电感线圈的外形如图 4-29 所示,其中空心线圈忽略了电阻及分布电容,就可以看成一个纯电感元件。电感是一种常用的电子元器件,在电路中的基本用途有扼流、交流负载、振荡、滤波、调谐等。

a) 空心线圈　　b) 滤波器　　c) 贴片电感

图 4-29　常见电感器的外形

一、纯电感交流电路中电压与电流的关系

1. 电感的定义

对于 N 匝的线圈,穿过线圈的磁通 Φ,则穿过线圈各匝的磁通的代数和称为磁链,用 Ψ 表示。磁链 $\Psi = N\Phi$ 与产生磁链的电流 i 成正比,比例系数称为此线圈的自感系数,简称自感或电感,用符号 L 表示,即:

$$L = \frac{\Psi}{i}$$

电感的单位为亨利,简称亨(H)。

2. 电感元件的伏安关系

当通过电感的电流 i_L 发生变化时,磁链 Ψ_L 也相应地发生变化,电感两端产生感应电压 u_L。根据电磁感应定律,经推导得出:

$$u_L = L\frac{\Delta i_L}{\Delta t}$$

这就是电感元件的伏安关系,其中 $\frac{\Delta i}{\Delta t}$ 称为电流的变化率。

(1) 当电流增加时,则 $\frac{\Delta i_L}{\Delta t} > 0$,$u_L > 0$。

(2) 当电流减小时,则 $\frac{\Delta i_L}{\Delta t} < 0$,$u_L < 0$。

(3) 当电流不变化(如直流电流)时,则 $\frac{\Delta i_L}{\Delta t} = 0$,$u_L = 0$。即在直流稳态电路中,电感元件相当于短路。

将电感元件与交流电源连接起来,就组成纯电感电路,如图 4-30a) 所示。

假设电感中通入正弦电流 $i = \sqrt{2}I\sin\omega t$,则电感两端的电压:

$$u_L = L\frac{\Delta i}{\Delta t} = \sqrt{2}\omega LI\sin(\omega t + 90°)$$

令 $X_L = \omega L$,则有:

$$u_L = \sqrt{2}X_L I\sin(\omega t + 90°) = \sqrt{2}U_L\sin(\omega t + 90°)$$

比较 u_L 与 i 的瞬时值表达式,得出两者三要素间的关系如下:

(1) 电感电压 u_L 与电流 i 是同频率的正弦量。

(2) 相位上电压 u_L 与电流 i 正交,$\varphi_{ui} = \varphi_{0u} - \varphi_{0i} = 90°$,即电压超前电流 90° 相位。

(3) $U_L = X_L I$ 或 $U_{Lm} = X_L I_m$,电压和电流之间有效值(或最大值)符合欧姆定律的形式。

电感电压 u_L 与电流 i 的波形图和相量图,如图 4-30b)、图 4-30c) 所示。

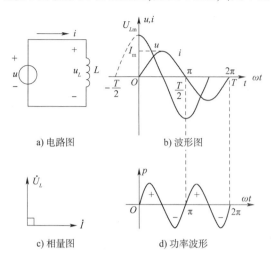

图 4-30　纯电感电路图、波形图、相量图、功率波形

$X_L = \omega L = 2\pi f L$ 称为电感的电抗,简称感抗,单位为 Ω。它表征的是电感元件对交流电呈现阻碍作用的一个物理量。当电感 L 一定时,感抗大小与频率成正比。电感元件具有"通直流、隔交流""通低频、阻高频"的特性。

3. 电感元件的储能

电感元件是一种储能元件,其储存的磁场能量计算式为:

$$W_L = \frac{1}{2} L i_L^2$$

【例 4-2】 已知电感元件 $L = 20\text{mH}$,当通以 4A 电流时,其储存的磁场能量 W_L 为多少?

解:　　　　　$W_L = \frac{1}{2} L i_L^2 = \frac{1}{2} \times 20 \times 10^{-3} \times 4^2 = 0.16(\text{J})$

二、纯电感交流电路的功率

1. 瞬时功率

假设电感电压 u_L 与电流 i 参考方向一致时,电感的瞬时功率为:

$p = u_L i = \sqrt{2} U_L \sin(\omega t + 90°) \times \sqrt{2} I \sin\omega t = \sqrt{2} U_L \cos\omega t \times \sqrt{2} I \sin\omega t = 2 U_L I \sin\omega t \times \cos\omega t = U_L I \sin 2\omega t$

可见,电路中瞬时功率的最大值是 $U_L I$,它以 2ω 角频率随时间做正弦规律变化,其变化曲线如图 4-30d) 所示。

2. 平均功率(有功功率)

由瞬时功率曲线可知,在电流变化的一个周期内,电感的瞬时功率按正弦规律变化了两个周期,即瞬时功率的平均值等于零,说明电感元件不消耗电能。

电感元件不消耗电能,但它和电源之间有能量交换的过程。在电流波形的第一和第三个 $\frac{T}{4}$ 时间里,瞬时功率大于零,说明它从电源吸收电能转换为磁场能储存;在第二和第四个 $\frac{T}{4}$ 时间里,瞬时功率小于零,说明它向电源释放所储存的磁场能量。由于一个周期内电感从电源吸收的能量与它释放给电源的能量相等,所以电感的平均功率为零。

3. 无功功率

随着电压、电流的交变,电感不断与电源进行能量交换,瞬时功率的最大值反映了

电感元件能量交换的规模,称为电感的无功功率。用大写字母 Q_L 表示,即:

$$Q_L = U_L I$$

将 $U_L = X_L I$ 代入上式得:

$$Q_L = U_L I = X_L I^2 = \frac{U_L^2}{X_L}$$

无功功率的单位是乏,用符号 var 表示。

【**例 4-3**】 已知电感元件 $L = 20\text{mH}$,接到 $u = 220\sqrt{2}\sin(314t + 30°)\text{V}$ 的电源上。求:①感抗 X_L;②电流 I 及 i;③无功功率 Q_L;④画出电压、电流的相量图。

解:①由 $u = 220\sqrt{2}\sin(314t + 30°)\text{V}$ 可知:

$$U_L = 220\text{V}, \omega = 314\text{rad/s}, \varphi_{0u} = 30°$$

感抗: $X_L = \omega L = 314 \times 20 \times 10^{-3} = 6.28(\Omega)$

②电流的有效值:

$$I = \frac{U}{X_L} = \frac{220}{6.28} = 35(\text{A})$$

电流的初相:

$$\varphi_{0i} = \varphi_{0u} - 90° = 30° - 90° = -60°$$

电流的解析式:

$$i = 35\sqrt{2}\sin(314t - 60°)(\text{A})$$

③无功功率:

$$Q_L = U_L I = 220 \times 35 = 7700(\text{var})$$

④电压、电流的相量图如图 4-31 所示。

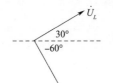

图 4-31 电压、电流的相量图

三、荧光灯工作原理

荧光灯照明电路主要由灯管、启辉器、镇流器、灯座(灯脚)等组成,如图 4-32 ~ 图 4-35 所示。

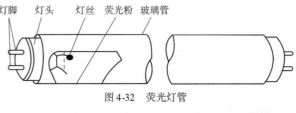

图 4-32 荧光灯管

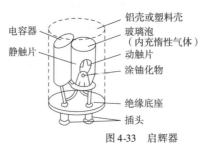 

图 4-33 启辉器

图 4-34 电感镇流器图　　　图 4-35 弹簧式灯座图

传统的电感式荧光灯电路工作原理图如图 4-36 所示,构成荧光灯电路的基本元件有荧光灯管、电感镇流器、启辉器。启辉器由热开关和电容组成,热开关则由双金属片(U 形触片)和固定电极构成,封装在密闭且充有惰性气体的玻璃泡内。

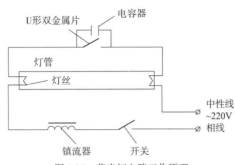

图 4-36　荧光灯电路工作原理

当开关 S 闭合时,荧光灯内没有导通电路,全部电压通过镇流器和灯管两端的灯丝加在启辉器两端子之间,启辉器内惰性气体被击穿,产生气体放电。放电产生的热量使双金属片受热膨胀发生形变与定片接通,电流通过荧光灯两端的灯丝和镇流器。启辉器内气体放电停止,温度降低,双金属片冷却收缩,启辉器断路。根据电磁感应定律,镇流器两端产生很高的感应电动势,和 220V 正弦交流电叠加产生的高电压共同作用于荧光灯两端,使荧光灯管汞气体电离,产生放电,荧光灯正常发光。荧光灯正常发光后,镇流器的线圈中产生自感电动势,电动势阻碍线圈中的电流变化,此时镇流器起降压限流作用,使电流和灯管两端的电压都稳定在额定范围内。灯管两端的电压低于启辉器的电离电压,启辉器开路不再起作用。

四、RL 串联电路

实际线圈都是由金属导线绕制而成的,因此线圈中必有电阻存在。当线圈的电阻不能忽略时,它的电路模型就可以看成由电阻和电感组成的串联电路。荧光灯的镇流器、变压器、交流接触器和继电器的线圈,在一定条件下都可以看作 RL 串联电路。

1. 电压与电流的关系

图 4-37a) 所示的 RL 串联电路中,以电流为参考正弦量,假设:

$$i = \sqrt{2}I\sin\omega t$$

则电阻电压和电感电压分别表示为:

$$u_R = \sqrt{2}U_R\sin\omega t$$
$$u_L = \sqrt{2}U_L\sin(\omega t + 90°)$$

其中: $U_R = RI, U_L = X_L I$

由 KVL 知,电路的端电压:

$$u = u_R + u_L$$
$$\dot{U} = \dot{U}_R + \dot{U}_L$$

以正弦量 $i = \sqrt{2}I\sin\omega t$ 的相量 $\dot{I} = I\angle 0°$ 为参考相量,画出电路的相量图,如图 4-37b)所示。在相量图中,相量 $\dot{U}$、$\dot{U}_R$ 和 $\dot{U}_L$ 组成一个直角三角形,称为电压三角形。电压三角形各边的长度按比例就等于各正弦电压的有效值,根据数学知识可得:

(1) $U = \sqrt{U_R^2 + U_L^2}$。

(2) $\varphi = \arctan\dfrac{U_L}{U_R} = \varphi_u - \varphi_i (0° < \varphi < 90°)$。

(3) 端电压 u 的解析式为：$u = \sqrt{2}U\sin(\omega t + \varphi) = \sqrt{2}U\sin\left(\omega t + \arctan\dfrac{U_L}{U_R}\right)$。

(4) $U_R = U\cos\varphi$，$U_L = U\sin\varphi$。

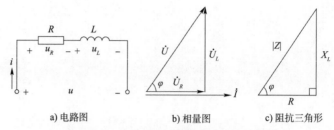

图 4-37　RL 串联电路及其相量图和阻抗三角形

a) 电路图　　b) 相量图　　c) 阻抗三角形

在 RL 串联电路中，端电压 u 在相位上总是超前电流 i 一个 φ 角（$0° < \varphi < 90°$），符合此种情况的电路称为感性电路。

2. 阻抗和阻抗三角形

对于单一元件有 $U_R = RI$、$U_L = X_L I$，代入公式中则有：

$$U = \sqrt{U_R^2 + U_L^2} = \sqrt{R^2 + X_L^2} \cdot I$$

令 $|Z| = \sqrt{R^2 + X_L^2}$，则有：

$$U = |Z| \cdot I$$

其中，$|Z|$ 称为阻抗，单位为 Ω。阻抗反映了 RL 串联电路对交流电呈现的阻碍作用，它的定义式为：

$$|Z| = \dfrac{U}{I}$$

由 $|Z| = \sqrt{R^2 + X_L^2}$ 可知，以 R、X_L 和 $|Z|$ 为三条边构成一个直角三角形，称为阻抗三角形，如图 4-37c）所示。阻抗三角形和电压三角形是相似三角形。

在阻抗三角形中，阻抗 $|Z|$ 与电阻 R 之间的夹角 φ 称为阻抗角。对比阻抗三角形与电压三角形可知，阻抗角就是端电压 u 与电流 i 的相位差角 φ。

(1) $|Z| = \sqrt{R^2 + X_L^2}$。

(2) $\varphi = \arctan\dfrac{X_L}{R} = \varphi_u - \varphi_i$（$0° < \varphi < 90°$）。

(3) $R = |Z|\cos\varphi$，$X_L = |Z|\sin\varphi$。

(4) 阻抗 $|Z|$、阻抗角 φ 的大小只与电路的元件参数 R、L 及电源的频率 f 有关。

【例 4-4】 如图 4-38a）所示荧光灯电路，在电源电压大小固定时，荧光灯电路可以用一个线性电感和线性电阻串联的等效电路表示。如图 4-38b）所示，L 是镇流器的等效电感（忽略其内阻），R 是灯管的等效电阻。设 $R = 300\Omega$，$L = 1.66H$，工频正弦电源电压为 220V。①求灯管电流、电压及镇流器电压的有效值；②求阻抗角 φ；③以电流为参考正弦量，作电路的相量图。

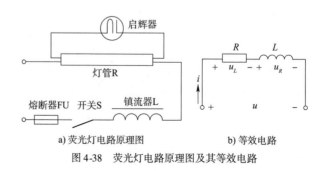

a) 荧光灯电路原理图　　b) 等效电路

图 4-38　荧光灯电路原理图及其等效电路

解:选择各电压、电流的参考方向如图4-38b)所示。

①灯管电流、电压及镇流器电压的有效值:

$$X_L = 2\pi f L = 2 \times 3.14 \times 50 \times 1.66 \approx 521.5(\Omega)$$

$$|Z| = \sqrt{R^2 + X_L^2} = \sqrt{300^2 + 521.5^2} \approx 601.6(\Omega)$$

$$I = \frac{U}{|Z|} = \frac{220}{601.6} \approx 0.366(\text{A})$$

$$U_R = RI = 300 \times 0.366 \approx 110(\text{V})$$

$$U_L = X_L I = 521.5 \times 0.366 \approx 191(\text{V})$$

②电路的阻抗角:

$$\varphi = \arctan\frac{X_L}{R} = \arctan\frac{521.5}{300} \approx 60°$$

③电路的相量图如图4-39所示。

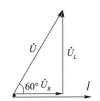

图4-39 电路的相量图

笔记区

4.4.5 任务实施

技能训练 4-4　荧光灯电路安装与测量

班级		姓名		日期	
同组人					

🔬 工作准备

▶ 认一认

根据外形识别电感器名称并填写在横线上(图 4-40)。

图 4-40　常见电感器外形

▶ 认一认

写出图 4-41 所示常用荧光灯电路组成部件名称。

图 4-41　常用荧光灯电路组成部件

▶ 谈一谈

纯电感交流电路中,电感电压与电流间的三要素关系是怎样的?

▶ 写一写

1. 电感的定义式为_____,单位为_____。
2. 在直流稳态电路中,电感元件相当于_____。
3. 感抗是表征电感元件对交流电阻碍作用的物理量,其大小与频率成_____比。
4. 电感元件是一个储能元件,其储存的磁场能的计算式为 $W_L = $ _____,单位为_____。
5. 纯电感电路中瞬时功率是以_____倍电压角频率随时间做正弦规律变化的。
6. 一个周期内电感从电源吸收的能量与它释放给电源的能量相等,所以电感的平均功率等于_____。
7. 电感的无功功率计算式为 $Q_L = $ _____,其单位是_____。
8. 荧光灯照明电路主要由_____、_____、_____等组成。
9. 写出图 4-42 所示荧光灯电路中各标号所表示的部件名称。

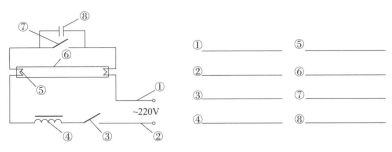

图 4-42 荧光灯电路各部件名称

① _____ ⑤ _____
② _____ ⑥ _____
③ _____ ⑦ _____
④ _____ ⑧ _____

▶ **算一算**

1. 已知一电感元件通过 50Hz 电流时,其感抗 $X_L = 10\Omega$;当频率升高到 5000Hz 时,其感抗 $X'_L = $ _____。

2. 电感元件 $L = 40\text{mH}$,当通以 5A 电流时,其储存的磁场能量 $W_L = $ _____。

3. 将纯电感 $L = 50\text{mH}$ 接到 $u = 10\sqrt{2}\sin(100t + 60°)\text{V}$ 的电源上,则感抗为 _____,电流有效值为 _____,电流瞬时表达式为 _____,无功功率为 _____。

4. RL 串联电路中,电阻 $R = 4\Omega$,感抗 $X_L = 3\Omega$,则阻抗 $|Z| = $ _____,阻抗角 $\varphi = $ _____。

5. RL 串联电路中,电阻 $R = 3\Omega$,感抗 $X_L = 4\Omega$,端电压有效值 $U = 20\text{V}$,则电路中电流 $I = $ _____,电阻电压 $U_R = $ _____,电感电压 $U_L = $ _____。

▶ **查一查**

生活中哪些电气设备或家用电器是感性负载性质?

实施步骤

1. 纯电感电路的测量。

(1) 观察电流表和电压表指针偏转情况。按照图 4-43 所示电路进行接线,将超低频信号发生器输出频率调至 5Hz 左右。闭合开关 S,观察电流表和电压表的指针偏转情况。

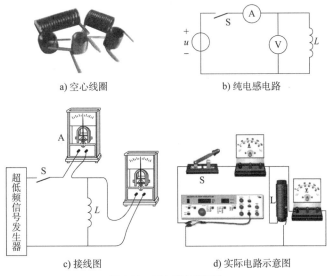

a) 空心线圈   b) 纯电感电路

c) 接线图   d) 实际电路示意图

图 4-43 纯电感电路实验

按图 4-43 连接电路,顺序操作:①按电源按钮;②选择正弦波形;③选择 20Hz 频率;④频率调节为5Hz电压信号;⑤调节输出电压为4V。当开关闭合时,观察电压表和电流表的指针偏转情况,总结规律,填入表4-18。

总结规律　　　　　　　　　　　　　　　　　　　　　　　表4-18

对比	偏转是否同步	初相位是否相同	U/I变化幅度是否相同
是/否			

(2)使用双踪示波器观察纯电感电路电压与电流相位关系。调节信号发生器,使其输出频率为1000Hz、电压有效值为3V的正弦电压,$R_0=1\Omega$,$L=10$mH。将双踪示波器的输入端分别接在L和R两端,观察电感电压和取样电阻电压的相位关系。将观察到的结果填入表4-19。

观察结果　　　　　　　　　　　　　　　　　　　　　　　表4-19

对比	示波器CH1	示波器CH2
周期关系		
相位关系		

(3)调节低频信号发生器输出电压的频率分别为2kHz、4kHz、6kHz,输出电压为3V,使用晶体管毫伏表测量电阻电压和电感电压,将数据填入表4-20。

电感的频率特性　　　　　　　　　　　　　　　　　　　　　表4-20

信号源频率 f(kHz)	$R_0=200\Omega$ 被测值		$L=10$mH 计算值	
	U_L(V)	U_{R_0}(V)	$I_L=\dfrac{U_{R_0}}{R_0}$(mA)	$X_L=\dfrac{U_L}{I_L}$(Ω)
2				
4				
6				

2.荧光灯照明电路的安装。

(1)检查各元器件的质量,将测量数据填入表4-21。

荧光灯电路元器件质量检查结果　　　　　　　　　　　　　表4-21

元器件名称	灯管灯丝	镇流器	启辉器	开关	导线
电阻值数据					
判断结果					

(2)使用低压验电器判断电源的相线和中性线(开关必须安装在相线上)。
(3)用导线将启辉器座上的两个接线桩分别连接到两个灯座中的任一接线桩。
(4)用导线将一个灯座中的剩余接线桩与电源中性线连接。
(5)用导线将另一个灯座中的剩余接线桩与镇流器的一个端子连接。
(6)将镇流器的另一个端子与开关的一个接线桩连接。
(7)将开关的另一个接线桩连接到电源相线上。
(8)接线完毕,插入灯管,旋入启辉器。

3.荧光灯照明电路电压的测量。

(1)待检查线路连接正确后,接通电源,闭合开关,调节荧光灯照明电路端电压为220V。
(2)使用交流电压表或万用表交流电压挡测量荧光灯照明电路的灯管端电压和

镇流器端电压,将数据填入表 4-22。

荧光灯照明电路电压的测量　　表 4-22

参数	端电压(V)	灯管 U_R(V)	镇流器 U_L(V)	$\sqrt{U_R^2+U_L^2}$(V)
测量值	220			
结论				

(3)根据电压三角形公式计算数据,与端电压 220V 比较,是否相等?

4. 总结归纳。

5. 问题讨论。

将荧光灯照明电路灯管电压和镇流器电压的测量数据代入公式 $U=\sqrt{U_R^2+U_L^2}$,计算结果与 220V 端电压相等吗?试分析原因。

4.4.6　学习评价

任务 4.4 学习评价表如表 4-23 所示。

任务 4.4 学习评价表　　表 4-23

序号	项目		评价要点	分值(分)	得分
1	纯电感电路的测量	信号发生器	信号发生器输出信号正确	10	
		示波器	正确使用示波器观察波形	10	
		电压表、电流表	接线正确,读数无误	10	
2	荧光灯电路的连接与测量		正确使用低压验电器	5	
			正确连接电路	15	
			正确测量电压	10	
			数值计算准确	5	
3	安全、规范操作		操作安全、规范	10	
			表格填写工整	10	
4	5S 现场管理		工作台面整洁干净	5	
			工具仪表归位放置	5	
			团结协作	5	
	总分			100	

电工技术基础与技能

班级_____ 姓名_____ 学号_____ 日期_____

任务 4.5 照明电路功率与电能测量

4.5.1 任务描述

本任务引导学习者连接白炽灯照明电路、荧光灯照明电路,将单相功率表与单相电能表接入电路,对电路的功率和电能进行测量;在荧光灯电路两端并联电容器,使用电流表、功率因数表测量相关物理量并观察数据变化特征等。

4.5.2 任务目标

▶ 知识目标

1. 理解容抗的概念,容抗与频率的关系。
2. 掌握电容元件的储能公式和无功功率计算式。
3. 理解电容器的串联和并联特点。
4. 掌握 RLC 串联电路中有功功率、无功功率、视在功率和功率因数的计算方法。
5. 理解功率三角形的含义。

▶ 能力目标

1. 会分析计算纯电容电路的电压、电流、功率和储能,计算电容器串并联电路的等效电容和耐压。
2. 能正确连接荧光灯电路,使用仪表测量电压、电流和功率因数。
3. 会计算 RLC 串联电路中有功功率、无功功率、视在功率和功率因数。
4. 会连接单相功率表与单相电能表测量电路的功率与电能。

▶ 素质目标

1. 通过电工工具和电工仪表的使用,培养规范操作意识、安全意识。
2. 培养团结协作、爱岗敬业的工作态度。
3. 养成工作台面整洁、仪表工具摆放有序的习惯,培养 5S 意识。

4.5.3 学习场地、设备与材料、课时数建议

学习场地

多媒体教室及实训室。

设备与材料

主要设备与材料如表 4-24 所示。

主要设备与材料　　　　表 4-24

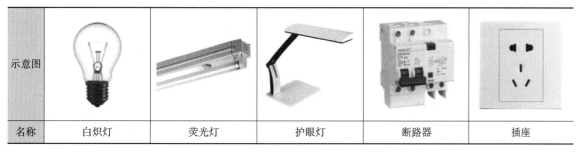

示意图					
名称	白炽灯	荧光灯	护眼灯	断路器	插座

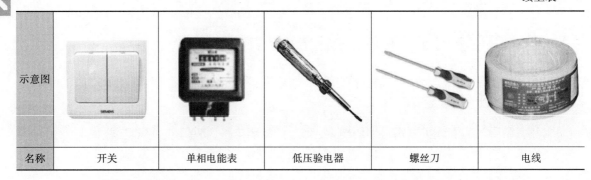

示意图					
名称	开关	单相电能表	低压验电器	螺丝刀	电线

课时数

2课时。

4.5.4 知识储备

实际电路通常是由许多不同性质的元件组成的,电路中既存在能量的损耗又存在能量的交换。下面以 RLC 串联电路为例来讨论交流电路的功率计算,其结论也适用于一般交流电路。

电容器是电路中常用的器件之一,应用非常广泛。在电子电路中,它可以起到滤波、移相、隔直、旁路和选频等作用;在电力系统中,它可以调整电压、改善系统的功率因数等。

图4-44a)是平行板电容器的结构示意图。被绝缘材料隔开的金属板叫作极板;极板间的绝缘材料叫作绝缘介质,如空气、纸、云母、油、塑料等。在电路中,常用电容器的符号如图4-44b)所示。

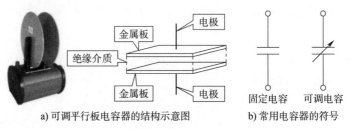

a) 可调平行板电容器的结构示意图　　b) 常用电容器的符号

图4-44　电容器结构示意图和符号

常用电容器的实物外形如图4-45所示。

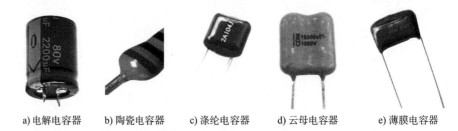

a) 电解电容器　b) 陶瓷电容器　c) 涤纶电容器　d) 云母电容器　e) 薄膜电容器

图4-45　常用电容器的实物外形

一、纯电容交流电路中电压与电流的关系

1. 电容的定义

电容器两极间加上电压,在极板上聚集等量异号电荷,介质中建立电场,并且储存电场能量,这是电容器的基本性能。

衡量电容器储存电荷能力大小的物理量叫作电容量,简称电容,用字母 C 表示。定义式为:

$$C = \frac{q}{u}$$

式中：q——一个极板上的电荷，C；

u——两个极板间的电压，V。

在国际单位制中，电容的单位是法拉，简称法，用字母 F 表示。实际上常用较小的单位微法（μF）和皮法（pF）。

【例 4-5】 一个电容为 100μF 的电容器，接到电压为 150V 的直流电源上，其极板上所带电荷是多少？

解：根据电容的定义式，得：

$$q = Cu = 100 \times 10^{-6} \times 150 = 0.015(\text{C})$$

2. 影响电容大小的因素

理论和实践证明，影响电容大小的因素有：

(1) 两个极板的相对位置。

(2) 极板的形状、尺寸。

(3) 极板间绝缘介质的种类。

综合上述，平行板电容器电容量大小的计算式为：

$$C = \frac{\varepsilon_r \varepsilon_0 S}{d}$$

式中：S——两极板的相对面积，m^2；

d——两极板间的距离，m；

ε_0——真空介电常数，$\varepsilon_0 \approx 8.85 \times 10^{-12}$ F/m；

ε_r——相对介电常数，为某一介质材料的介电常数 ε 与真空的介电常数 ε_0 的比值。

常用电介质的相对介电常数如表 4-25 所示。

常用电介质的相对介电常数　　　　表 4-25

介质	相对介电常数	介质	相对介电常数
真空	1	乙醇	24.5～25.7
水	81	纸（干）	2
石英	4.2	玻璃	3.7～10
空气（干燥）	1.005	电木（酚醛塑料）	3.5～5
沥青	2.6	聚乙烯	2.2～2.4
聚氯乙烯	3.4	云母	7

【例 4-6】 有一个真空电容器，其电容是 8.2μF，将两极板间的距离增大一倍后，其间充满云母介质（$\varepsilon_r = 7$），求云母电容器的电容。

解：真空电容器的电容：

$$C_1 = \frac{\varepsilon_0 S}{d}$$

云母电容器的电容：

$$C_2 = \frac{\varepsilon_r \varepsilon_0 S}{2d} = \frac{7}{2} \times \frac{\varepsilon_0 S}{d} = \frac{7}{2} \times 8.2 = 28.7(\mu\text{F})$$

3. 电容元件的伏安关系

如图 4-46 所示，选择电容电压、电流参考方向一致。设在时间 Δt 内，极板上电荷的变化量为 Δq。根据电流的定义，得到电容电流的表达式：

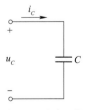

图 4-46　电容元件

$$i_C = \frac{\Delta q}{\Delta t} = \frac{C\Delta u_C}{\Delta t} = C\frac{\Delta u_C}{\Delta t}$$

上式称为电容元件的伏安关系式，其中 $\frac{\Delta u_C}{\Delta t}$ 称为电压的变化率。该式表明，电容电流与电压变化率成正比。

(1) 当电容电压升高时，则 $\frac{\Delta u_C}{\Delta t} > 0$，极板电荷增加，$i_C > 0$，电容器处于充电状态。

(2) 当电容电压降低时，则 $\frac{\Delta u_C}{\Delta t} < 0$，极板电荷减少，$i_C < 0$，电容器处于放电状态。

(3) 当电容电压不变化（直流电压）时，则 $\frac{\Delta u_C}{\Delta t} = 0$，$i_C = 0$。即在直流稳态电路中，电容元件相当于开路。

将电容元件与交流电源连接起来，就组成纯电容电路，如图 4-47a) 所示。

假设电容两端加正弦电压 $u_C = \sqrt{2}U_C\sin\omega t$，则流过电容的电流为：

$$i = C\frac{\Delta u_C}{\Delta t} = \sqrt{2}\omega C U_C \sin(\omega t + 90°)$$

令 $X_C = \frac{1}{\omega C}$，则有：

$$i = \sqrt{2}\frac{U_C}{X_C}\sin(\omega t + 90°) = \sqrt{2}I\sin(\omega t + 90°)$$

其中，$I = \frac{U_C}{X_C} = \omega C U_C$。

比较 u_C 与 i 的瞬时值表达式，得出两者三要素间的关系为：

(1) 电容电压 u_C 与电流 i 是同频率的正弦量。
(2) 相位上电容电压 u_C 与电流 i 正交，$\varphi_{ui} = \varphi_{0u} - \varphi_{0i} = -90°$，即电压滞后电流 90°。
(3) $U_C = X_C I$ 或 $U_{Cm} = X_C I_m$，电压和电流之间有效值（或最大值）符合欧姆定律的形式。

电阻电压 u_C 与电流 i 的波形图和相量图，如图 4-47b)、图 4-47c) 所示。

$X_C = \frac{1}{\omega C} = \frac{1}{2\pi f C}$ 称为电容的电抗，简称容抗，单位为 Ω。它表征的是电容元件对交流电的阻碍作用的一个物理量。当电容 C 一定时，容抗大小与电源频率成反比。电容元件具有"通交流、隔直流"或"通高频、阻低频"的特性。

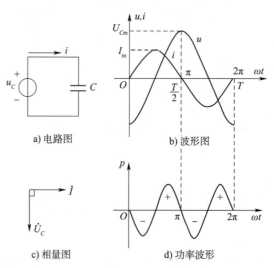

图 4-47 纯电容电路图、波形图、相量图及功率波形

4. 电容元件的储能

电容元件是一种储能元件,其储存的电场能量计算式为:

$$W_C = \frac{1}{2}Cu_C^2$$

【例4-7】 有一 $20\mu F$ 的电容器已充电到两端电压为 $100V$,如果继续充电到 $200V$,该电容器此时储存的电场能量比电压为 $100V$ 时增加了多少?

解:由电场能量的计算式,得:

$$\Delta W = \frac{1}{2}Cu_2^2 - \frac{1}{2}Cu_1^2 = \frac{1}{2}C(u_2^2 - u_1^2) = \frac{1}{2} \times 20 \times 10^{-6} \times (200^2 - 100^2) = 0.3(J)$$

5. 电容器的并联和串联

(1) 电容器的并联(图4-48)。

图4-48a)所示为三个电容器并联的电路,电容器并联电路的特点是:

① 各个电容器两端的电压相同,都等于电源电压 u。

② 总电荷等于三个电容器极板上电荷之和,即 $q = q_1 + q_2 + q_3$。

③ 等效电容(总电容)等于并联各电容器的电容之和,即 $C = C_1 + C_2 + C_3$。

电容器并联使用时,工作电压不得超过它们中的最低额定电压值,否则电容器可能被击穿。

(2) 电容器的串联(图4-49)。

如图4-49a)所示为三个电容串联的电路,电容器串联电路的特点是:

① 各电容所带的电荷相等,即 $q_1 = q_2 = q_3 = q$。

② 总电压等于每个电容器两端电压之和,即 $u = u_1 + u_2 + u_3$。

③ 等效电容(总电容)的倒数等于各串联电容的倒数之和,即 $\frac{1}{C} = \frac{1}{C_1} + \frac{1}{C_2} + \frac{1}{C_3}$。

如果仅有两个电容器串联,则有 $C = \dfrac{C_1 \cdot C_2}{C_1 + C_2}$。

对于电容器来说,当工作电压等于耐压值 U_M 时,它所带的电量也达到最大电量值,该电量值称为电量限额,其表达式为:

$$q = Q_M = CU_M$$

由上式可知,只要电量不超过电量限额 Q_M,电容器的工作电压就不会超过耐压值。因此,应该取串联电容器中最小的一个电量限额作为整个电路的电量限额,由此确定等效电容的耐压值为:

$$U_M = \frac{Q_M}{C}$$

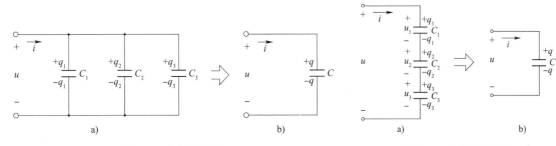

图4-48 电容器的并联　　　图4-49 电容器的串联

【例4-8】 有两只电容器,参数为 $C_1 = 3\mu F$,$U_{M1} = 500V$;$C_2 = 6\mu F$,$U_{M2} = 300V$。求:①并联使用时等效电容和耐压值;②串联使用时等效电容和耐压值。

解:① 并联使用时,等效电容为:

$$C = C_1 + C_2 = 3 + 6 = 9(\mu F)$$

耐压值选取电容器并联时各耐压值中的最小值,即:

$$U_M < U_{M2} = 300(V)$$

② 串联使用时,等效电容为:

$$C = \frac{C_1 C_2}{C_1 + C_2} = \frac{3 \times 6}{3 + 6} = 2(\mu F)$$

两个电容器的电量限额分别为:

$$Q_{M1} = C_1 U_{M1} = 3 \times 500 = 1500(\mu C)$$
$$Q_{M2} = C_2 U_{M2} = 6 \times 300 = 1800(\mu C)$$

选取其中最小的电量限额:

$$Q_M = Q_{M2} = 1500(\mu C)$$

等效电容的耐压值为:

$$U_M = \frac{Q_M}{C} = \frac{1500}{2} = 750(V)$$

或:

$$U_M = U_{M1} + \frac{Q_M}{C_2} = 500 + \frac{1500}{6} = 750(V)$$

二、纯电容交流电路的功率

1. 瞬时功率

假设电容电压 u_C 与电流 i 参考方向一致时,电容的瞬时功率为

$$\begin{aligned}p &= u_C i = \sqrt{2} U_C \sin(\omega t - 90°) \times \sqrt{2} I \sin\omega t \\ &= -\sqrt{2} U_C \cos\omega t \times \sqrt{2} I \sin\omega t \\ &= -2 U_C I \sin\omega t \times \cos\omega t \\ &= -U_C I \sin 2\omega t\end{aligned}$$

可见,电路中瞬时功率的最大值是 $U_C I$,它以 2ω 角频率随时间做正弦规律变化。

2. 平均功率(有功功率)

由瞬时功率曲线可知,在电流变化的一个周期内,电容的瞬时功率按正弦规律变化了两个周期,电容从电源吸收的能量与它释放给电源的能量相等,即瞬时功率的平均值等于零,说明电容元件不消耗电能。

3. 无功功率

随着电压、电流的交变,电容与电源不断地进行能量交换,瞬时功率的最大值反映了电容元件能量交换的规模,称为电容的无功功率,用大写字母 Q_C 表示,即:

$$Q_C = U_C I = X_C I^2 = \frac{U_C^2}{X_C}$$

无功功率的单位是乏,用符号 var 表示。

【例 4-9】 已知电容 $C = 100\mu F$,接到 $u = 220\sqrt{2}\sin(314t - 30°)$ V 的电源上。求:①容抗 X_C;②电流 I 及 i;③无功功率 Q_C;④画出电压、电流的相量图。

解:① 由 $u = 220\sqrt{2}\sin(314t - 30°)$ V 可知:
$U = 220V, \omega = 314 rad/s, \varphi_{0u} = -30°$。

容抗:

$$X_C = \frac{1}{\omega C} = \frac{1}{314 \times 100 \times 10^{-6}} = 31.8(\Omega)$$

② 电流的有效值:

$$I = \frac{U}{X_C} = \frac{220}{31.8} = 6.9(A)$$

电流的初相:

$$\varphi_{0i} = \varphi_{0u} + 90° = (-30°) + 90° = 60(°)$$

电流的解析式:

$$i = 6.9\sqrt{2}\sin(314t + 60°)(A)$$

③ 无功功率为:

$$Q_C = U_C I = 220 \times 6.9 = 1518(var)$$

④ 电压、电流的相量图,如图 4-50 所示。

图 4-50 电压、电流的相量图

三、RC 串联电路

在电子技术中,经常遇到阻容耦合放大器、RC 选频电路、RC 振荡器、RC 移相电路等,这些电路都是电阻与电容的串联电路,即 RC 串联电路。

1. 电压与电流的关系

图 4-51a)所示的 RC 串联电路中,以电流为参考正弦量 $i = \sqrt{2} I \sin\omega t$。

电阻电压和电容电压分别为: $u_R = \sqrt{2} U_R \sin\omega t$, $u_C = \sqrt{2} U_C \sin(\omega t - 90°)$,其中有效值: $U_R = RI, U_C = X_C I$。

由 KVL 可知,电路的端电压 $u = u_R + u_C$,相量 $\dot{U} = \dot{U}_R + \dot{U}_C$。

由于 u_R 和 u_C 都是与电流 i 是同频率的正弦量,所以端电压 u 与电流 i 也是同频率的正弦量。作出电流、电压的相量图,如图 4-51b)所示。在相量图中,相量 $\dot{U}$、$\dot{U}_R$ 和 $\dot{U}_C$ 组成一个直角三角形,称为电压三角形。根据勾股定理得出各个电压有效值的关系为:

$$U = \sqrt{U_R^2 + U_C^2} = \sqrt{R^2 + X_C^2} \cdot I = |Z| \cdot I$$

端电压 u 与电流 i 的相位差：

$$\varphi = -\arctan\frac{U_C}{U_R} = \varphi_{0u} - \varphi_{0i}$$

从电压三角形中，还可以得到总电压与各部分电压间的关系：

$$\begin{cases} U_R = U\cos\varphi \\ U_C = U\sin\varphi \end{cases}$$

因此，端电压 u 的解析式为：

$$u = \sqrt{2}U\sin(\omega t + \varphi) = \sqrt{2}U\sin\left(\omega t - \arctan\frac{U_C}{U_R}\right)$$

结论：

(1) 端电压 u 与电流 i 是同频率的正弦量。
(2) 在相位上，端电压 u 滞后电流 i 一个相位角 φ，且 $-90° < \varphi < 0°$。
(3) $U = |Z| \cdot I$ 或 $U_m = |Z| \cdot I_m$，符合欧姆定律。

在 RC 串联电路中，端电压 u 在相位上总是滞后电流 i 一个相位角 φ。凡是端电压 u 滞后于总电流 i 的电路，称为容性电路。

2. 阻抗和阻抗三角形

$$|Z| = \frac{U}{I} = \sqrt{R^2 + X_C^2}$$

$|Z|$ 称为 RC 串联电路的阻抗，单位也是欧姆（Ω）。由 $|Z| = \sqrt{R^2 + X_C^2}$ 推知，以 R、X_C 和 $|Z|$ 为边可构成一个直角三角形，称为阻抗三角形，如图 4-51c) 所示。因为：

$$\frac{U}{|Z|} = \frac{U_R}{R} = \frac{U_C}{X_C} = I$$

所以，阻抗三角形与电压三角形是相似三角形。

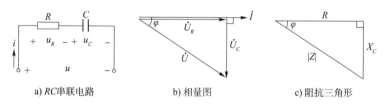

图 4-51　RC 串联电路及其相量图和阻抗三角形

a) RC 串联电路　　b) 相量图　　c) 阻抗三角形

在阻抗三角形中，阻抗 $|Z|$ 与电阻 R 之间的夹角 φ 称为阻抗角，也就是端电压 u 滞后电流 i 的相位差角 φ，其大小计算公式为：

$$\varphi = -\arctan\frac{X_C}{R}$$

由上式可知，阻抗角 φ 的大小也只与电路的元件参数 R、C 及电源的频率 f 有关，与电路的电压和电流无关。

由阻抗三角形，还可以得出电阻、感抗与阻抗的关系，即：

$$\begin{cases} R = |Z|\cos\varphi \\ X_C = |Z|\sin\varphi \end{cases}$$

【例 4-10】　把一个阻值为 30Ω 的电阻和电容为 80μF 的电容器串联后接到交流电源上，电源电压 $u = 220\sqrt{2}\sin314t$ (V)，试求：①阻抗 $|Z|$；②电流瞬时值表达式；③电压 U_R、U_C。

解：由电压的解析式 $u = 220\sqrt{2}\sin314t$ (V)，可以得出：

$$U_m = 220\sqrt{2}\text{V}, \omega = 314\text{rad/s}, \varphi_{0u} = 0°$$

① 先求出电容容抗：

$$X_C = \frac{1}{\omega C} = \frac{1}{314 \times 80 \times 10^{-6}}(\Omega) \approx 40(\Omega)$$

由阻抗三角形求得电路的阻抗为：

$$|Z| = \sqrt{R^2 + X_C^2} = \sqrt{30^2 + 40^2} = 50(\Omega)$$

②电流的最大值：

$$I_m = \frac{U_m}{|Z|} = \frac{220\sqrt{2}}{50} = 4.4\sqrt{2}(A)$$

电流超前电压的相位为：

$$\varphi = \arctan\frac{X_C}{R} = \arctan\frac{4}{3} \approx 53.1(°)$$

电流瞬时值的表达式为：

$$i = 4.4\sqrt{2}\sin(314t + 53.1°)(A)$$

③电流的有效值为：

$$I = \frac{I_m}{\sqrt{2}} = \frac{4.4\sqrt{2}}{\sqrt{2}} = 4.4(A)$$

电阻电压为：

$$U_R = RI = 30 \times 4.4 = 132(V)$$

电容电压为：

$$U_C = X_C I = 40 \times 4.4 = 176(V)$$

四、RLC 串联电路

1. 电路中各电压有效值间的关系（图 4-52）

图 4-52a) 所示 RLC 串联电路中，选择各电压的参考方向与电流的参考方向一致，以电流为参考正弦量，即设：

$$i = \sqrt{2}I\sin\omega t$$

得出电阻、电感和电容电压，分别为：

$$u_R = \sqrt{2}U_R\sin\omega t$$
$$u_L = \sqrt{2}U_L\sin(\omega t + 90°)$$
$$u_C = \sqrt{2}U_C\sin(\omega t - 90°)$$

其中：

$$U_R = RI \quad U_L = X_L I \quad U_C = X_C I$$

由 KVL 可知，电路的端电压为：

$$u = u_R + u_L + u_C$$

以电流为参考正弦量，利用平行四边形法则，画出 $U_L > U_C$ 时电路的相量图，如图 4-52b) 所示。在相量图中，矢量 $\dot{U}$、$\dot{U}_R$、$\dot{U}_L$ 和 $\dot{U}_C$ 组成一个直角三角形，也称为电压三角形，其中 $\varphi = \varphi_{0u} - \varphi_{0i}$ 为端电压 u 与电流 i 的相位差角，即电路的阻抗角。根据电压三角形可以得出如下关系式：

$$\left.\begin{array}{l} U = \sqrt{U_R^2 + (U_L - U_C)^2} = \sqrt{U_R^2 + U_X^2} \\ \varphi = \arctan\dfrac{U_L - U_C}{U_R} = \varphi_{0u} - \varphi_{0i} \\ U_R = U\cos\varphi \\ U_X = U\sin\varphi \end{array}\right\}$$

其中，$U_X = U_L - U_C$，为电抗电压。

由公式可以看出，电压 U_L 与 U_C 二者关系不同时，端电压 u 与电流 i 的相位差 φ 的取值范围不同，从而使 u 与 i 的相位关系不同，导致电路的性质也不同。

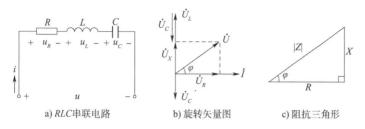

图 4-52 RLC 串联电路及其旋转矢量图和阻抗三角形

2. 电压与电流的有效值关系

将 $U_R = RI$、$U_L = X_L I$ 和 $U_C = X_C I$ 代入上式,得:

$$U = \sqrt{U_R^2 + (U_L - U_C)^2} = \sqrt{(RI)^2 + (X_L I - X_C I)^2} = \sqrt{R^2 + (X_L - X_C)^2} \cdot I$$

令 $|Z| = \sqrt{R^2 + (X_L - X_C)^2} = \sqrt{R^2 + X^2}$,则有:

$$U = |Z|I \text{ 或 } U_m = |Z|I_m$$

式中,$|Z| = \dfrac{U}{I} = \sqrt{R^2 + X^2}$ 称为 RLC 串联电路的阻抗,它反映了 RLC 串联电路中端电压与总电流的有效值(或最大值)的关系,其中 $X = X_L - X_C$ 称为电抗,它反映了电感和电容元件串联以后,对交流电流的阻碍作用,单位与阻抗一样,也是欧姆(Ω)。

由 $|Z| = \sqrt{R^2 + X^2}$ 可以推知,以 R、X 和 $|Z|$ 为边也可构成一个直角三角形,也称为阻抗三角形,如图 4-52c)所示。因为:

$$\frac{U}{|Z|} = \frac{U_R}{R} = \frac{U_X}{X} = I$$

所以,阻抗三角形与电压三角形相似。由阻抗三角形得出如下关系式:

$$\left. \begin{array}{l} |Z| = \sqrt{R^2 + (X_L - X_C)^2} = \sqrt{R^2 + X^2} \\ \varphi = \arctan \dfrac{X_L - X_C}{R} = \arctan \dfrac{X}{R} \\ R = |Z|\cos\varphi \\ X = X_L - X_C = |Z|\sin\varphi \end{array} \right\}$$

由此可见,阻抗 $|Z|$ 和阻抗角 φ 的大小也只与电路的元件参数 R、L 和 C 及电源的频率 f 有关,与电路的电压和电流无关。

3. 电压与电流的相位关系

电路的端电压 u 与电流 i 的相位差角,即阻抗角 φ 可由下式计算:

$$\varphi = \arctan \frac{X}{R} = \arctan \frac{X_L - X_C}{R} = \varphi_{0u} - \varphi_{0i}$$

阻抗角 φ 的取值范围主要由电抗 X 决定,φ 与 X 的关系分三种情况讨论:

(1) 当 $X > 0$,即 $X_L > X_C$ 时,$U_L > U_C$,$0° < \varphi < 90°$,端电压 u 超前电流 φ 角,电路呈电感性。相量图如图 4-53a)所示。

(2) 当 $X < 0$,即 $X_L < X_C$ 时,$U_L < U_C$,$-90° < \varphi < 0°$,端电压 u 滞后电流 φ 角,电路呈电容性。相量图如图 4-53b)所示。

(3) 当 $X = 0$,即 $X_L = X_C$ 时,$U_L = U_C$,$U = U_R$,$\varphi = 0°$,端电压 u 与电流 i 同相,电路呈电阻性,又称电路处于谐振状态。相量图如图 4-53c)所示。

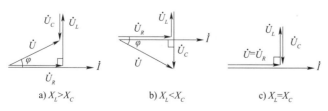

图 4-53 RLC 串联电路的相量图

【例4-11】 RLC 串联电路中,已知 $R=40\Omega$, $L=223\text{mH}$, $C=80\mu\text{F}$, 工频正弦电源电压为220V, 求:①电路的阻抗 $|Z|$; ②电流的有效值 I; ③电路的阻抗角 φ; ④各元件电压的有效值;⑤电路的性质。

解: ①电路的感抗、容抗分别为:

$$X_L = \omega L = 314 \times 223 \times 10^{-3} \approx 70(\Omega)$$

$$X_C = \frac{1}{\omega C} = \frac{1}{314 \times 80 \times 10^{-6}} \approx 40(\Omega)$$

电路的阻抗为:

$$|Z| = \sqrt{R^2 + (X_L - X_C)^2} = \sqrt{40^2 + (70-40)^2} = 50(\Omega)$$

②电流的有效值为:

$$I = \frac{U}{|Z|} = \frac{220}{50} = 4.4(\text{A})$$

③电路的阻抗角为:

$$\varphi = \arctan\frac{X_L - X_C}{R} = \arctan\frac{70-40}{40} = \arctan 0.75 \approx 36.9(°)$$

④各元件电压的有效值为:

$$U_R = RI = 40 \times 4.4 = 176(\text{V})$$
$$U_L = X_L I = 70 \times 4.4 = 308(\text{V})$$
$$U_C = X_C I = 40 \times 4.4 = 176(\text{V})$$

⑤由于阻抗角 $\varphi = 36.9° > 0°$,即端电压 u 超前电流 i,故电路呈感性。

五、RLC 串联电路的功率

1. 瞬时功率(图4-54)

如图4-54a)所示的 RLC 串联电路,设其电流和端口电压为:

$$i = \sqrt{2}I\sin\omega t$$

$$u = \sqrt{2}U\sin(\omega t + \varphi)$$

式中的 φ 是电压超前电流的相位差,也就是 RLC 串联电路的阻抗角。在图示电压、电流的参考方向下,瞬时功率为:

$$p = ui = \sqrt{2}U\sin(\omega t + \varphi) \times \sqrt{2}I\sin\omega t = UI\cos\varphi - UI\cos(2\omega t - \varphi)$$

图4-54b)画出了 u、i 及 p 的曲线。分析 p 的曲线可知,在电压、电流变化的一个周期 T 中,有两端时间内 $p>0$,说明电路从电源吸收能量,其中一部分供给电阻消耗,另一部分转变成场能储存在电感和电容元件中;另两段时间内 $p<0$,说明电路释放能量,即储能元件释放的场能中有一部分送回电源的缘故(另一部分就地供给电阻消耗)。在电感和电容同时存在的电路中,除了电路和电源之间进行着能量交换,电感和电容之间还存在着场能的就地转换。

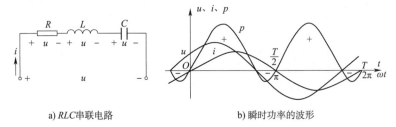

a) RLC串联电路　　b) 瞬时功率的波形

图4-54　RLC 串联电路及其瞬时功率的波形

2. 有功功率、无功功率和视在功率

(1) 有功功率 P。

有功功率又叫平均功率，是用来衡量电路消耗电能多少的物理量。可以证明：一个电路的有功功率，就等于各电阻的有功功率之和，还等于各电源输出的有功功率之和。对于 RLC 串联电路，电阻消耗的有功功率为：

$$P = U_R I = RI^2 = \frac{U_R^2}{R}$$

将 $U_R = U\cos\varphi$ 代入上式，得：

$$P = UI\cos\varphi$$

式中：U、I——电路的端电压和总电流的有效值，V、A；

φ——电路的阻抗角，(°)。

该式适用于任一正弦交流电路。有功功率的单位是 W 或 kW。

当电路中有多个电阻元件时，电路的有功功率就等于各电阻的有功功率之和，即：

$$P = \sum_{i=1}^{n} P_{Ri} = P_{R_1} + P_{R_2} + \cdots + P_{R_n}$$

式中：n——电阻数；

P_{Ri}——第 i 个电阻的功率，W。

(2) 无功功率 Q。

无功功率反映的是储能元件与外界进行能量交换规模的物理量。在 RLC 串联电路中，电感的无功功率为：

$$Q_L = U_L I = X_L I^2 = \frac{U_L^2}{X_L}$$

电容的无功功率为：

$$Q_C = U_C I = X_C I^2 = \frac{U_C^2}{X_C}$$

由于电感电压与电容电压相位相反，这说明电感吸收能量时，电容释放电场能；电感释放磁场能量时，电容吸收能量。所以 Q_L 和 Q_C 的符号总是相反的。工程上习惯认为，电感是"消耗"无功功率的（$Q_L > 0$），电容是"产生"无功功率的（$Q_C < 0$）。因此，RLC 串联电路的无功功率为：

$$Q = Q_L - Q_C = U_L I - U_C I = U_X I$$

将式 $U_X = U_L - U_C = U\sin\varphi$ 代入上式，得：

$$Q = UI\sin\varphi$$

式中：U、I——电路的端电压和总电流的有效值，V、A；

φ——电路的阻抗角，(°)。

该式适用于任一正弦交流电路。无功功率的单位是 var 或 kvar。

当电路中含有多个电感和电容元件时，电路总的无功功率就等于各个储能元件无功功率的代数和，即

$$Q = \sum_{i=1}^{n} Q_i = Q_1 + Q_2 + \cdots + Q_n$$

式中：n——储能元件的数量；

Q_i——第 i 个储能元件的无功功率，var。

值得注意的是，如果第 i 个元件是电感，Q_i 前面取 "+" 号；如果第 i 个元件是电容，Q_i 前面取 "−" 号。

(3) 视在功率 S。

作为电源的交流发电机或变压器，其额定电压与额定电流的乘积 UI，表示在额定状态下工作时发电机所发出的，或变压器所传递的最大功率。当网络中有储能元件时，由于在电源与储能元件间有一部分能量只用于来回交换而不消耗，所以乘积 UI 并不全是有功功率。因此，工程上用乘积 UI 表示发电机、变压器等电源设备的容量，并称为视在功率，用大写字母 S 表示，即：

$$S = UI$$

视在功率的单位是伏安（VA），工程上还常用到千伏安（kVA）。需要指出的是电路的总视在功率并不等于各个元件视在功率的和。

定义了视在功率后，有功功率又可写成：

$$P = S\cos\varphi$$

上式表明，有功功率只是视在功率的一部分，它等于视在功率 S 与因数 $\cos\varphi$ 的乘积。工程上把 $\cos\varphi$ 称为功率因数，用字母 λ 表示，即：

$$\lambda = \cos\varphi = \frac{P}{S}$$

式中：φ——电路中端电压 u 与总电流 i 的相位差，也就是电路的阻抗角，(°)，又称为电路的功率因数角。

其取值范围 $|\varphi| \leq 90°$，因此 $0 \leq \cos\varphi \leq 1$。对于电阻性负载，$\varphi = 0$，$\lambda = \cos\varphi = 1$，有功功率等于视在功率；对于纯电感或纯电容电路，$\varphi = \pm 90°$，$\lambda = \cos\varphi = 0$，有功功率为零。从节能和提高电源设备的利用率来讲，λ 越大越好。

(4) 功率三角形。

由式 $P = UI\cos\varphi$、$Q = UI\sin\varphi$ 和 $S = UI$ 可以看出，电路的 P、Q 和 S 也可以构成一个直角三角形，称为功率三角形，如图 4-55 所示。功率三角形与阻抗三角形、电压三角形是相似形。由功率三角形得出如下关系：

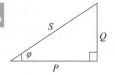

图 4-55 功率三角形

$$S = \sqrt{P^2 + Q^2}$$
$$\varphi = \arctan \frac{Q}{P} = \varphi_{0u} - \varphi_{0i}$$
$$P = S\cos\varphi$$
$$Q = S\sin\varphi$$

【例 4-12】 在 RLC 串联电路中，已知 $R = 10\Omega, X_L = 14\Omega, X_C = 4\Omega, U = 141\text{V}$。求：①阻抗 $|Z|$、电流 I；②$P、Q、S$ 及 λ。

解：① $|Z| = \sqrt{R^2 + (X_L - X_C)^2} = \sqrt{10^2 + (14-4)^2} = 10\sqrt{2} \approx 14.1(\Omega)$

$$I = \frac{U}{|Z|} = \frac{141}{14.1} = 10(\text{A})$$

②由阻抗三角形得：

$$\cos\varphi = \frac{R}{|Z|} = \frac{10}{10\sqrt{2}} \approx 0.707, \sin\varphi = \frac{X}{|Z|} = \frac{14-4}{10\sqrt{2}} \approx 0.707$$

电路的功率 $P、Q、S$ 分别为：

$$P = UI\cos\varphi = 141 \times 10 \times 0.707 = 996.87(\text{W})$$
$$Q = UI\sin\varphi = 141 \times 10 \times 0.707 = 996.87(\text{var})$$
$$S = UI = 141 \times 10 = 1410(\text{VA})$$

或按下列方法计算：

$$P = I^2 R = 10^2 \times 10 = 1000(\text{W})$$
$$Q = I^2(X_L - X_C) = 10^2 \times (14-4) = 1000(\text{var})$$
$$S = \sqrt{P^2 + Q^2} = \sqrt{1000^2 + 1000^2} = 1410(\text{VA})$$

电路的功率因数：

$$\lambda = \cos\varphi \approx 0.707$$

比较上述两种计算 $P、Q、S$ 的方法，由于 $\cos\varphi \approx 0.707$，$\sin\varphi \approx 0.707$，所以两种计算结果略有误差。

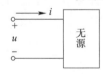

图 4-56 无源二端网络

【例 4-13】 某一无源二端网络如图 4-56 所示，电压 $u = 220\sqrt{2}\sin(314t + 45°)(\text{V})$，电流 $i = 5\sqrt{2}\sin(314t + 15°)(\text{A})$，求该网络的 $P、Q、S$ 及 λ。

解：由已知条件，得：

$$U = 220\text{V}, I = 5\text{A}, \varphi = \varphi_{0u} - \varphi_{0i} = 30°$$

网络的 $P、Q、S$ 及 λ 分别为：

$$P = UI\cos\varphi = 220 \times 5 \times 0.866 = 952.6(\text{W})$$
$$Q = UI\sin\varphi = 220 \times 5 \times 0.5 = 550(\text{var})$$
$$S = UI = 220 \times 5 = 1100(\text{VA})$$
$$\lambda = \cos\varphi \approx 0.866$$

六、功率表及其接线

功率表是用于测量电功率的仪表，如图 4-57 所示，功率表的读数与功率表的量限选择有直接关系，功率表的量限由电流量限和电压量限来确定。电流量限即仪表电流线圈（定圈）的额定电流，电压量限即仪表电压线圈（动圈）额定电压，功率表的量限等于电流量限和电压量限的乘积。

功率表表盘刻度每一分格所代表的瓦特数称为功率表的分格常数，分格常数 c 为：

图 4-57 单相有功功率表

$$c = \frac{功率表量限}{表盘满偏刻度} = \frac{电压量限 \times 电流量限}{表盘满刻度格数} = \frac{U_N I_N}{\alpha}$$

功率表的测量值可按下式计算,即:

$$P = c\alpha$$

式中:α——功率表指针实际偏转的格数,格。

七、单相电能表及其接线

测量交流电能的仪表一般都采用感应式测量机构。

1. 测量机构

测量机构是电能表实现电能测量的核心部分。图 4-58 是感应式单相电能表测量机构简图。

(1)驱动元件。

驱动元件由电压元件和电流元件组成,其作用是将交变的电压和电流转变为穿过转盘的交变磁通,与其在圆盘内产生的感应电流相互作用,进而产生转动力矩,使转盘转动。

电压元件:电压元件由电压线圈 2 及电压铁芯 7 和回磁极 12 组成。

电流元件:电流元件由电流线圈 4 及电流铁芯 3 组成。电压铁芯和电流铁芯都由 0.35~0.5mm 厚的硅钢片叠装而成,电流铁芯呈"U"形。电流线圈匝数少、导线粗,接线时与被测电路串联。电压线圈匝数多、导线细,接线时与被测电路并联。

驱动元件有辐射式和切线式两种布置形式,电压线圈铁芯硅钢片平面平行于转盘半径的为辐射式,垂直转盘半径的为切线式,目前多采用切线式。其结构简单、体积较小,便于安装和大批量制造,并且具有较好的技术性能。

(2)转动元件。

转动元件由转盘 5 和转轴 6 组成。圆盘用纯铝板制成,直径为 80~100mm,厚度 0.8~1.2mm,电导率大,质量小,有一定的机械强度。圆盘固定在转轴上,转轴上套有蜗杆以便和传动的齿轮啮合。

转动元件的作用:它能在驱动元件所建立的交变磁场作用下连续转动,并把转动的圈数传递给计数器。

(3)制动元件。

制动元件主要由制动磁铁 1 组成。

制动元件的作用是产生与转动力矩方向相反的制动力矩,以便使圆盘的转动速度与被测电路的功率成正比。

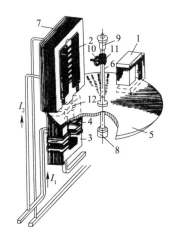

图 4-58 感应式单相电能表测量机构简图

1-制动磁铁;2-电压线圈;3-电流铁芯;4-电流线圈;5-转盘;6-转轴;7-电压铁芯;8-下轴承;9-上轴承;10-蜗轮;11-蜗杆;12-回磁极

(4) 积算元件。

积算元件又称计度器。

它包括安装在转轴上的蜗杆 11、蜗轮 10 及其相连的计数器（未画出），它用来计算转动铝盘的转数，以显示所测定的电能。

以上的四组元件称为一套电磁系统。单相电能表具有一套电磁系统，又叫单元件电能表。具有两套电磁系统的三相电能表称为二元件三相电能表，具有三套电磁系统的三相电能表称为三元件三相电能表。

2. 单相电能表的正确接线

目前民用电能表多采用直接接入形式，每个电能表的下部都有一个接线盒，盖板背面有接线图，安装时应按图接线。

单相电能表共有四个接线柱，从左到右按 1、2、3、4 编号，如图 4-59a) 所示。一般单相电能表接线柱 1、3 接电源进线（1 为相线进，3 为中性线进），接线柱 2、4 接电源出线（2 为相线出，4 为中性线出）。接线方法如图 4-59b) 所示。

也有单相电能表的接线为：按号码接线柱 1、2 为电源进线，3、4 为电源出线，如图 4-59c) 所示。所以采用何种接法，应参照电能表接线盖子上的接线图。

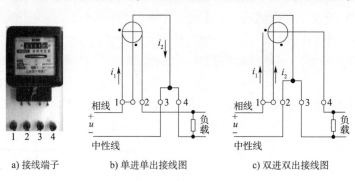

a) 接线端子　　b) 单进单出接线图　　c) 双进双出接线图

图 4-59　单相电能表接线图

笔记区

4.5.5 任务实施

技能训练 4-5　照明电路功率与电能测量

班级		姓名		日期	
同组人					

🔬 工作准备

▶ 查一查

利用网络或图书馆等资源,查询判断下列哪类电容器有极性(图 4-60)?

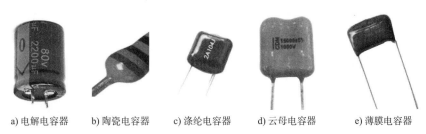

　a) 电解电容器　　b) 陶瓷电容器　　c) 涤纶电容器　　d) 云母电容器　　e) 薄膜电容器

图 4-60　常见电容器

▶ 写一写

1. 电容的定义式为 $C =$ _____,单位是_____。
2. 影响电容量大小的因素有_____、_____、_____等。
3. 在直流稳态电路中,电容元件相当于_____。
4. 纯电容电路中瞬时功率是以_____倍电压角频率随时间做正弦规律变化的。
5. 一个周期内电容从电源吸收的能量与它释放给电源的能量相等,所以电容的平均功率等于_____。
6. 电容的无功功率计算式为 $Q_C =$ _____,其单位是_____。
7. 感应式单相电能表测量机构主要由_____、_____、_____、_____四部分组成。
8. 单相电能表共有四个接线柱,从左到右按 1、2、3、4 编号,一般单相电能表接线柱_____、_____接电源进线,接线柱_____、_____接电源出线。但是也有单相电能表的接线按号码接线柱_____、_____为电源进线,_____、_____为电源出线。

▶ 算一算

1. 电容量为 4700μF 的电容器,端电压为直流 100V,则极板上的电量为_____。
2. 某真空电容器电容量 $C = 6.3$μF,将极板间距离增大 2 倍后,再充满纸(干)介质,则电容量变为_____。
3. 现将平行板电容器极板间距离增大一倍,相对面积减小一半,电容量为原来的_____倍。
4. 电容 $C = 80$μF 在工频电压作用下,容抗 $X_C =$ _____。
5. 已知电容元件通过 50Hz 电流时,其容抗 $X_C = 100$Ω;当频率升高到 500Hz 时,其容抗 $X'_C =$ _____。

6. 已知某电容器端电压为 80V，电容量为 15μF，其储存的电场能量为_____。

7. 已知电容 $C=80\mu F$，接到 $u=200\sqrt{2}\sin(314t+30°)$ V 的电源上。则容抗 $X_C=$ _____；电流有效值 $I=$ _____，瞬时值表达式 $i=$ _____，无功功率 $Q_C=$ _____。

8. 两只电容器，参数为 $C_1=12\mu F$，$U_{m1}=300V$；$C_2=4\mu F$，$U_{m2}=600V$。并联时等效电容 $C=$ _____，耐压 $U_m=$ _____；串联时等效电容 $C=$ _____，耐压 $U_m=$ _____。

9. 一台发电机的容量是 10kVA，若负载的功率因数为 0.6，则发动机提供的有功功率为_____、无功功率为_____。

10. 把电阻 $R=6\Omega$，电感 $L=25.5mH$ 的线圈接到 $U=220V$ 的工频交流电源上，求：①电路的阻抗 $|Z|=$ _____；②电流 $I=$ _____；③功率因数 $\lambda=$ _____；④$P=$ _____、$Q=$ _____、$S=$ _____。

11. 某电气设备额定功率 1.5kW，连续使用 12h，则其消耗的电能为_____。

12. 某功率表测量有功功率，选用电流量限 2.5A，电压量限 300V，功率表指针偏转 72.4 格，满刻度为 150 格，则被测量有功功率为_____。

13. 根据表 4-26 中提供的家用电器功率及平均使用时间，计量一个月(按 30 天计)消耗的电能为_____千瓦时，一千瓦时电 0.483 元，一年的电费(按 12 月计)为_____元。

家用电器功率及平均使用时间(一天)　　　　　　　　　表 4-26

电器名称及额定功率	使用时间	电器名称及额定功率	使用时间
洗衣机 150W	30min	灯具 250W	3h
电视机 100W	2h	空调 1200W	2h
冰箱 160W(运转)	4h(平均)	电饭煲 750W	30min
电热水器 3000W	1h	电脑 100W	2.5h
总计消耗电能(kW·h)			

▶ 谈一谈

1. 纯电容交流电路中，电容电压与电流间的三要素关系是怎样的？
2. 提高感性负载电路功率因数有何意义？

实施步骤

1. 纯电容电路的测量。

(1)测量电容的频率特性。

RC 串联电路中，调节低频信号发生器输出电压的频率分别为 2kHz、4kHz、6kHz，并保持输出电压为 3V，用晶体管毫伏表分别测量电容电压、电阻电压，并将实验数据填入表 4-27。

电容的频率特性测量　　　　　　　　　　　　　　　表 4-27

信号源频率 $f(kHz)$	$R_0=200\Omega$		$C=0.1\mu F$	
	被测值		计算值	
	$U_C(V)$	$U_{R_0}(V)$	$I_C=\dfrac{U_{R_0}}{R_0}(mA)$	$X_C=\dfrac{U_C}{I_C}(\Omega)$
2				
4				
6				

(2)使用双踪示波器观察纯电容电路电压与电流的相位关系。

取样电阻 $R_0 = 1\Omega$,电容 $C = 0.1\mu F$。调节低频信号发生器,使其输出频率为 1000Hz、电压有效值 3V 的正弦交流电压,将双踪示波器的输入端 CH1、CH2 分别接到电容器和取样电阻两端,观察电容电压和取样电阻电压的相位关系,将结论填入表 4-28。注:取样电阻必须远远小于电容的容抗,不至于影响电路的性质,即不影响电流与电压的相位关系。

纯电容电路电压与电流的相位关系　　表 4-28

名称	结论
纯电容电路电压与电流的相位关系	

2. 白炽灯照明电路功率的测量(图 4-61)。

(1)使用低压验电器检验并确定相线与中性线。

(2)正确连接白炽灯照明电路,并将功率表接入,待教师检查后通电。

(3)改变白炽灯接入数量,分别为 1 盏、2 盏灯和共同接入,记录功率表读数,填入表 4-29。

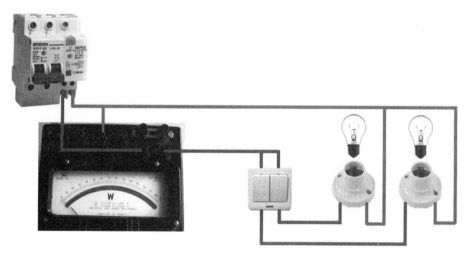

图 4-61　白炽灯电路功率的测量

白炽灯电路功率的测量　　表 4-29

电压量限(V)		分格常数(W/格)		电流量限(A)	
指标		白炽灯 1	白炽灯 2		白炽灯 1 和 2
指针偏转(格)					
功率(W)					

(4)断电拆线,整理实训台。

3. 荧光灯照明电路电能的测量(图 4-62)。

(1)使用低压验电器检验并确定相线与中性线。

(2)正确连接荧光灯照明电路,并将单相电能表接入,待教师检查后通电。注:断路器 L、N 端子应按产品实际标注接线,使断开点接相线上。

(3)通电,记录单相电能表的相关参数,使用秒表计量电能表表盘旋转一周需要的时间,填入表 4-30 并计算。

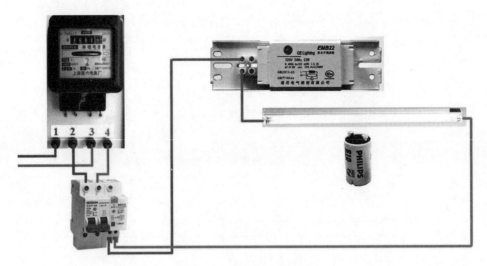

图 4-62 荧光灯电路电能的测量

荧光灯电路电能的测量　　　　表 4-30

电能表参数				秒表计量与计算		
电压(V)	电流(A)	频率(Hz)	耗电计量[r/(kW·h)]	转盘周期(s/圈)	电路功率(W)	1千瓦时电所需时间(h)

注：电路功率计算式 $P = \dfrac{W}{t} = \dfrac{\dfrac{1}{耗电计量}}{s/圈}$，如电能表参数为 720r/(kW·h)，秒表计量电能表转盘周期为 24s/圈，则 $P = \dfrac{W}{t} = \dfrac{\dfrac{1}{720}(kW·h)}{24(s)} = \dfrac{3.6 \times 10^6 (J)}{720 \times 24 (s)} \approx 208(W)$。

4.5.6 学习评价

任务 4.5 学习评价表如表 4-31 所示。

任务 4.5 学习评价表　　　　表 4-31

序号	项目	评价要点	分值(分)	得分
1	纯电容频率特性的测量	正确连接电路	3	
		信号发生器输出正确	3	
		正确使用晶体管毫伏表	4	
2	纯电容电路电压与电流相位关系的测量	正确连接电路	5	
		信号发生器输出正确	3	
		正确使用晶体管毫伏表	4	
		正确使用双踪示波器	3	
3	白炽灯照明电路的连接及功率的测量	电路连接正确	10	
		功率表接线正确	5	
		读数正确	5	
		计算正确	5	

续上表

序号	项目	评价要点	分值(分)	得分
4	荧光灯照明电路的连接及电能表的接线	电路连接正确	8	
		单相电能表接线正确	4	
		识读参数准确无误	4	
		会相应计算	4	
5	安全、规范操作	操作规范,爱护仪器仪表设备,出现问题及时汇报反馈	10	
6	5S 现场管理	按 5S 相关要求完成任务	10	
7	团队协作	互为配合,积极主动,协作意识强	10	
	总分		100	

电工技术基础与技能

班级_____ 姓名_____ 学号_____ 日期_____

任务 4.6　荧光灯电路功率因数测量与提高

4.6.1　任务描述

本任务引导学习者安装荧光灯照明电路,使用电压表、电流表、功率因数表测量电路的电压、电流、功率因数,分析功率因数过低带来的危害;在荧光灯电路两端并联电容器,使用电流表、功率因数表测量相关物理量,观察数据变化特征,探讨提高感性电路功率因数的方法和参数确定方法;调整电容量的大小至电路电流最小,分析谐振电路的特性及应用等。

4.6.2　任务目标

▶ 知识目标

1. 了解感性电路提高功率因数的意义、方法和原理。
2. 理解串联谐振和并联谐振的概念,掌握谐振的条件、特性及应用。

▶ 能力目标

1. 会分析感性负载并联电容器提高功率因数的原理。
2. 会计算提高功率因数需要并联的电容器参数。
3. 会计算电路的谐振频率、特性阻抗、品质因数、通频带等。

▶ 素质目标

1. 通过使用电工工具和电工仪表,培养规范操作意识、安全意识。
2. 培养团结协作、爱岗敬业、积极进取的工作态度。
3. 养成工作台面整洁、仪表工具摆放有序的习惯,培养5S意识。

4.6.3　学习场地、设备与材料、课时数建议

学习场地

多媒体教室及实训室。

设备与材料

主要设备与材料如表 4-32 所示。

主要设备与材料　　　　　表 4-32

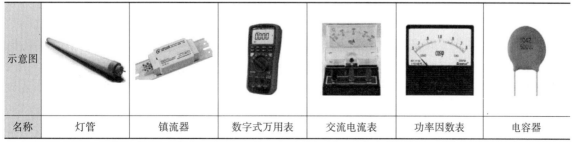

| 名称 | 灯管 | 镇流器 | 数字式万用表 | 交流电流表 | 功率因数表 | 电容器 |

课时数

2 课时。

4.6.4 知识储备

一、荧光灯电路功率因数的提高

1. 提高功率因数的意义

正弦交流电路中,发电机向电路输出的功率为:

$$P = S\cos\varphi$$

其中,S 为发电机的容量,$S = UI$;$\cos\varphi$ 为电路的功率因数。

当发电机工作在额定状态下时,它向电路输送的有功功率的大小,就取决于电路功率因数的高低。

在交流电力系统中的用电设备大部分是感性负载,它们的功率因数都较低。功率因数低可能带来的不良后果有:

(1) 电源设备的容量不能充分地利用。例如,一台容量为 1000kVA 的交流发电机,当负载的 $\cos\varphi = 1$ 时,它输出的有功功率 $P = 1000$kW,发电机的容量得到充分利用;当负载的 $\cos\varphi = 0.6$ 时,它输出的有功功率 $P = 600$kW,发电机容量的利用率大为降低。

(2) 引起线路和发电机绕组的功率损耗增加。输电线路中的电流 $I = \dfrac{P}{U\cos\varphi}$,一般情况下,负载的功率 P 和电压 U 都是一定的,功率因数越低,电流越大,而线路和发电机绕组的功率损耗 ΔP 则与 $\cos\varphi$ 的二次方成反比,即:

$$\Delta P = rI^2 = r\left(\dfrac{P}{U\cos\varphi}\right)^2 = \left(r\dfrac{P^2}{U^2}\right)\dfrac{1}{\cos^2\varphi}$$

因此,过低的功率因数使线路和发电机绕组的功率损耗增加。上式中 r 是线路和发电机绕组的总电阻。

由上述分析可知,功率因数提高以后,既能使电源设备的容量得到充分的利用,又能提高供电效率,改善供电的电压质量。

2. 提高功率因数的方法及原理

(1) 方法。在感性负载两端并联适当的电容器,可以提高感性电路的功率因数。当感性负载吸收能量时,电容器释放能量;当感性负载释放能量时,电容器吸收能量。即,感性负载所需要的无功功率,可由并联电容器提供一部分,减少了电源与负载之间的能量交换,使电源输送给电路的无功功率减少,有功功率增加,从而使整个电路的功率因数得以提高。

(2) 原理。将感性负载等效成 RL 串联支路,电容器 C 与 RL 支路并联,电路如图 4-63a) 所示。选择各电流的参考方向与端电压一致,以端电压 u 为参考正弦量,即:

$$u = \sqrt{2}U\sin\omega t$$

由 KCL 定律可知:

$$i = i_1 + i_C$$

由于 i_1、i_C 和 i 都与电压 u 是同频率的正弦量,所以可以用相量法分析。首先画出电路的相量图,将上式写成相量形式:

$$\dot{I} = \dot{I}_1 + \dot{I}_C$$

以端电压 u 为参考相量,即 $\dot{U} = U < 0°$。RL 串联支路呈感性,相位上电流 $\dot{I}_1$ 较端电压 $\dot{U}$ 滞后 φ_1 角;电容 C 支路的电流 $\dot{I}_C$ 较端电压 $\dot{U}$ 超前 90° 相位;根据式 $\dot{I} = \dot{I}_1 + \dot{I}_C$ 作出总电流 $\dot{I}$ 相量图。电路的相量图如图 4-63b) 所示。

电路中并联电容以后,受电容支路电流 $\dot{I}_C$ 的影响,端电压 $\dot{U}$ 和总电流 $\dot{I}$ 的相位差为 φ,功率因数为 $\lambda = \cos\varphi$。由于角度 $\varphi < \varphi_1$,所以功率因数 $\lambda > \lambda_1$,即 $\cos\varphi > \cos\varphi_1$。显然,电路的功率因数提高了。

经理论推导,并联电容器的电容量 C 由下式计算:

$$C = \dfrac{P}{\omega U^2}(\tan\varphi_1 - \tan\varphi)$$

式中:P——负载的有功功率,W;
　　　ω——电源的角频率,rad/s;
　　　U——负载(电源)电压的有效值,V;
　　　φ_1——未并电容时电路的阻抗角,(°);
　　　φ——并联电容后电路的阻抗角,(°);
　　　C——并联电容器的电容量,F。

需要指出的是,并联电容器以后,提高的是整个电路的功率因数,而感性负载的功率因数并没有发生变化,因为负载的参数 R、L 及电源的频率 f 没有发生变化。

从图 4-63b) 中还可以看出,并联电容器以后,不仅提高了电路的功率因数,使电源设备的容量得到充分利用,而且使电路的总电流 I 减小,从而降低了线路和发电机的损耗,提高了供电质量。在实际生产中,一般只把功率因数提高到 0.9 左右。

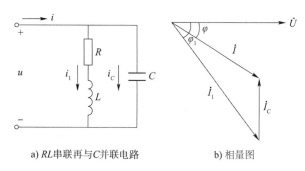

a) RL串联再与C并联电路　　　b) 相量图

图4-63　并联电容提高电路的功率因数

【例4-14】 已知某工厂额定负载为560kW,功率因数为0.7(感性),工频电源电压为380V。问:①欲将功率因数提高到0.9,需并联多大电容? ②并联电容前后,电路的总电流分别是多少?

解: ①由已知条件可知:

$$\cos\varphi_1 = 0.7, \varphi_1 = 45.6°, \tan\varphi_1 = 1.02$$
$$\cos\varphi = 0.9, \varphi = 25.84°, \tan\varphi = 0.484$$

需要并联的电容 C 为:

$$C = \frac{P}{\omega U^2}(\tan\varphi_1 - \tan\varphi) = \frac{560 \times 10^3}{314 \times 380^2} \times (1.02 - 0.484) = 0.0066(\text{F}) = 6600(\mu\text{F})$$

②由于并联电容前后电路的有功功率不变,所以并联电容前、后电路的总电流分别为:

$$I_1 = \frac{P}{U\cos\varphi_1} = \frac{560 \times 10^3}{380 \times 0.7} = 2105.3(\text{A}) \approx 2.11(\text{kA})$$

$$I = \frac{P}{U\cos\varphi} = \frac{560 \times 10^3}{380 \times 0.9} = 1637.4(\text{A}) \approx 1.64(\text{kA})$$

可见,并联电容以后,电路的总电流减小了。

在实际工作中,选用电容器时必须考虑到它的电容量和耐压,当遇到单独一个电容器的电容量和耐压不能满足实际电路要求时,可以把两个或两个以上的电容器以恰当的方式连接起来,得到电容和耐压符合要求的等效电容。

二、谐振电路

1. 谐振现象

在含有 LC 元件的正弦交流电路中,感抗与容抗的大小随频率变化有相互补偿的作用,在某一频率下出现电路电压与电流同相的情况,电路呈纯电阻性,这种现象称为谐振。

2. 串联谐振的条件

RLC 串联电路中发生的谐振,称为串联谐振。如图 4-64a)所示,在 RLC 串联电路中,等效阻抗为:

$$|Z| = \sqrt{R^2 + (X_L - X_C)^2} = \sqrt{R^2 + X^2}$$

当电路发生谐振时,电路呈电阻性,电抗为零,即:

$$X = X_L - X_C = 0$$

故,产生串联谐振的条件为:

$$X_L = X_C \quad \text{或} \quad \omega L = \frac{1}{\omega C}$$

谐振时的角频率、频率为:

$$\omega_0 = \frac{1}{\sqrt{LC}}$$

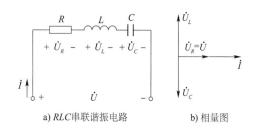

a) RLC串联谐振电路　　　b) 相量图

图4-64　RLC 串联谐振电路及相量图

$$f_0 = \frac{1}{2\pi\sqrt{LC}}$$

谐振的发生既与电路参数有关也与电源频率有关。避免电路谐振的方法称为失谐,实现电路谐振的方法称为调谐。失谐与调谐主要从三方面实现:

(1) L、C 固定,调节 ω,得 $\omega_0 = \frac{1}{\sqrt{LC}}$。

(2) L、ω 固定,调节 C,得 $C = \frac{1}{\omega_0^2 L}$。

(3) C、ω 固定,调节 L,得 $L = \frac{1}{\omega_0^2 C}$。

3. 串联谐振的基本特征

(1) 阻抗特性。串联谐振时,电抗 $X=0$,谐振阻抗:

$$Z_0 = R$$

串联谐振时,感抗与容抗相等,用特性阻抗来表示:

$$\rho = \omega_0 L = \frac{1}{\omega_0 C} = \sqrt{\frac{L}{C}}$$

可见,特性阻抗的大小只取决于电感 L 和电容 C 的大小。

(2) 电流特性。串联谐振电路中若电压一定,由于阻抗最小,因此电流达到最大,即谐振电流为:

$$I_0 = \frac{U_S}{R}$$

(3) 电压特性。电阻元件的端电压与串联谐振电路的端电压相等,即:

$$U_{R_0} = U = I_0 R$$

电感元件和电容元件的端电压为:

$$U_{L_0} = U_{C_0} = QU$$

其中,Q 称为串联谐振电路的品质因数,数值上等于特性阻抗 ρ 与电阻 R 的比值。

$$Q = \frac{\rho}{R} = \frac{1}{R}\sqrt{\frac{L}{C}}$$

品质因数 $Q>1$ 时,电感 L 和电容 C 的端电压是电路端电压的 Q 倍,部分电压有升高大于端电压的现象,故此串联谐振也称为电压谐振。

(4) 功率特性。谐振时,电路呈纯电阻性,则阻抗角 $\varphi = 0$。电路的无功功率为零,有功功率全部消耗在电阻上。

三、谐振电路的选择性与应用

1. 串联谐振电路的选择性

电路的品质因数 Q 的大小是标志谐振回路质量优劣的重要指标,它对谐振曲线(电流随频率变化的曲线)有很大的影响。Q 值不同,谐振曲线的形状不同,因此谐振回路的质量优劣也不同。

经理论分析和实验证明,电流随频率变化的关系式为:

$$I(f_0) = I_0 \frac{1}{\sqrt{1 + Q^2\left(\frac{f}{f_0} - \frac{f_0}{f}\right)^2}}$$

根据上式,选取不同的 Q 值,作出一组谐振曲线,如图 4-65 所示。由图 4-65 可见,Q 值越大的电路,曲线越尖锐。当频率 f 稍偏离谐振频率 f_0 时,电流从谐振时的最大值 I_0 迅速减小,这说明 Q 值大的电路对非谐振频率的电流具有较强的抑制能力,所以选择性好。反之,Q 值小的电路,在谐振点附近曲线变化平缓,电流变化不大,选择性就差。

2. 串联谐振电路的通频带

在广播和通信中,所传输的信号往往不是单一频率的,而是占有一定的频率范围,这个频率范围称为频带。一般规定,电路的电流不小于谐振电流 I_0 的 $\frac{1}{\sqrt{2}}$ 倍的频率范围,为电路的通频带,用字母 BW 表示。如图 4-66 所示,电路的通频带为:

$$BW = f_2 - f_1 = 2\Delta f$$

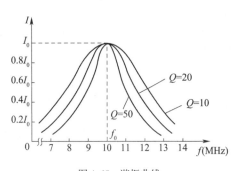

图 4-65 谐振曲线

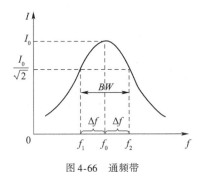

图 4-66 通频带

而 $\Delta f = f_2 - f_0 = f_0 - f_1$，可以证明，通频带 BW 与谐振频率 f_0 和品质因数 Q 的关系为：

$$BW = f_2 - f_1 = \frac{f_0}{Q}$$

可以看出，通频带 BW 与谐振频率 f_0 成正比，而与品质因数 Q 成反比。

综上所述，从选择性上考虑，希望品质因数 Q 大一些；从通频带考虑，希望 Q 小一些。所以，在实际应用中既要考虑选择性，又要考虑通频带。

【例 4-15】 RLC 串联电路中，已知 $R = 1\Omega, L = 2\mu H, C = 50pF$，电源电压 $U_S = 25mV$。求电路的谐振频率 f_0、谐振电流 I_0、品质因数 Q 和电容电压 U_C。

解：①谐振频率：

$$f_0 = \frac{1}{2\pi\sqrt{LC}} = \frac{1}{2\pi \times \sqrt{2 \times 10^{-6} \times 50 \times 10^{-12}}} = 15.9(\text{MHz})$$

②谐振电流：

$$I_0 = \frac{U_S}{R} = \frac{25 \times 10^{-3}}{1} = 25 \times 10^{-3}(\text{A}) = 25(\text{mA})$$

③品质因数：

$$Q = \frac{\rho}{R} = \frac{1}{R}\sqrt{\frac{L}{C}} = \frac{1}{1} \times \sqrt{\frac{2 \times 10^{-6}}{50 \times 10^{-12}}} = 200$$

④电容电压：

$$U_C = QU_S = 200 \times 25 \times 10^{-3} = 5(\text{V})$$

笔记区

4.6.5 任务实施

技能训练 4-6　荧光灯电路功率因数测量与提高

班级		姓名		日期	
同组人					

🔬 工作准备

▶ 谈一谈

提高感性负载电路功率因数有何意义？

▶ 算一算

RLC 串联谐振电路中，已知 $R=5\Omega$，$L=0.9\mathrm{H}$，$C=10\mu\mathrm{F}$，电源电压 $U_S=0.1\mathrm{V}$，则电路的谐振频率 $f_0=$ _____，特性阻抗 $\rho=$ _____，品质因数 $Q=$ _____，电阻电压 $U_R=$ _____，电感电压 $U_L=$ _____，电容电压 $U_C=$ _____。

📊 实施步骤

1. 荧光灯电路功率因数的测量。

按图 4-67 所示电路接线，将电路端电压调至 220V，测量荧光灯电路的电流和功率因数（注明超前滞后），判定电路的性质，将数据和结论填入表 4-33。

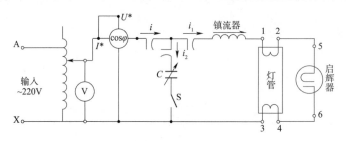

图 4-67　功率因数的提高

荧光灯电路的功率因数及电路性质　　表 4-33

端电压	功率因数	电路性质
220V		

2. 荧光灯电路功率因数的提高。

按图 4-67 所示电路接线，在荧光灯电路两端并联可变电容器组。改变电容器并入的电容值，观察电流表和功率因数表的读数，记录在表 4-34 中。

荧光灯电路功率因数的提高测量数据　　表 4-34

被测量电容量 (μF)	U(V)	U_L(V)	U_R(V)	I(mA)	I_1(mA)	I_2(mA)	$\cos\varphi$
0							
1							
2							
3							
4							

3.观察谐振现象。

在某一范围内,随着并联电容的逐渐增加,电路的总电流逐渐减小。当并联电容增加到某一数值时,电路的总电流将减小到最小,这种现象称为谐振。此时若继续增加并联电容的数值,电流又将开始增加,电路的性质由感性变为容性。在表4-34中找出电路最接近于发生谐振的一组数据。

4.总结归纳。

并联电容之后,整个电路的功率因数得以提高,总电流_____,荧光灯电路的电流、阻抗、功率因数、电路性质都_____。

4.6.6 学习评价

任务4.6学习评价表如表4-35所示。

任务4.6学习评价表　　　　　　　　　　表4-35

序号	项目	评价要点	分值(分)	得分
1	纯电容频率特性的测量	正确连接电路	3	
		信号发生器输出正确	3	
		正确使用晶体管毫伏表	4	
2	纯电容电路电压与电流相位关系的测量	正确连接电路	5	
		信号发生器输出正确	5	
		正确使用晶体管毫伏表	5	
		正确使用双踪示波器	5	
3	荧光灯电路功率因数的测量与提高	会使用低压验电器	5	
		能正确连接荧光灯电路	5	
		会使用电压表、电流表、功率表并正确读数	5	
		能改变并联电容量调整电路的功率因数,会观察谐振现象	10	
4	安全、规范操作	操作规范,出现问题及时汇报反馈 爱护仪器仪表设备	15	
5	5S现场管理	按5S相关要求完成任务	15	
6	团队协作	互为配合,积极主动,协作意识强	15	
	总分		100	

低压电工证考试训练题

一、判断题(正确画√,错误画×)

1. RL串联电路中,电阻、电感上的电压必定低于电源电压。　　　　　　　(　)
2. 纯电感电路的平均功率为零。　　　　　　　　　　　　　　　　　　(　)
3. 两电容器并联的等效电容大于其中任一电容器的电容。　　　　　　　(　)
4. 在纯电阻正弦交流电路中,电压与电流相位差为零。　　　　　　　　(　)
5. 最大值相等、频率相同相位相差120°的三相电压和电流分别称为对称三相电压和对称三相电流。　　　　　　　　　　　　　　　　　　　　　　　　　　　　　(　)

6. 25W 电烙铁,每天使用 4h,每月(按 22 天)耗电量是 2.2kW·h。 （　　）

二、单选题

1. 白炽灯电路接近(　　)。
   A. 纯电感电路　　B. 纯电容电路　　C. 纯电阻电路　　D. 谐振电路
2. 纯电感电路的感抗与电路的频率(　　)。
   A. 成反比　　　　B. 成反比或成正比　C. 成正比　　　　D. 无关
3. 纯电容电路中的电流与电压的相位关系是(　　)。
   A. 电压超前 π/2　B. 电压滞后 π/2　　C. 同相　　　　　D. 反相
4. 将 220V、40W 的灯泡与 220V、100W 的灯泡串联后接在 380V 的电源上,结果是(　　)。
   A. 开始 40W 灯泡极亮随即烧毁　　　B. 开始 100W 灯泡极亮随即烧毁
   C. 两灯泡均比正常时较暗　　　　　　D. 灯泡均极亮随即烧毁
5. 有功功率 P、无功功率 Q、视在功率 S 之间的关系是(　　)。
   A. $S = P + Q$　　B. $S = P - Q$　　C. $S = Q - P$　　D. $S^2 = P^2 + Q^2$

项目 5
三相异步电动机电路基础知识

项目引入

三相异步电动机在农业及工矿企业中应用非常广泛,它具有体积小、质量轻、电气性能良好、经济指标先进等优点,而且结构牢固,使用方便,易于维修。

本项目从电源与电动机的连接入手,探究对称三相电路,包括三相电源和三相负载的相关知识;从电路的连接和检测入手,探究三相异步电动机电路的连接和检测、三相配电盘的组成和各部件的作用;从三相电路的测量入手,探究三相有功功率、三相无功功率以及三相电能的测量。最终形成由三相电源、三相配电盘、三相异步电动机组成的基本的工作电路。

三相异步电动机工作电路需要三相电源,三相电源通过三相配电盘与三相异步电动机相连。为保证控制方便和运行安全,在电动机实际的电路中除了主电路外还包括控制电路。本项目只介绍主电路内容。

参考《低压配电设计规范》(GB 50054—2011),可将低压配电系统分为三种,即TN(保护接零)系统、TT(保护接地)系统、IT(电源中性点不接地)系统。其中TN系统又可分三类:TN-C系统(工作中性线与保护中性线完全共用的TN系统)、TN-S系统(有专用保护线的TN系统)、TN-C-S系统(保护中性线和工作中性线共用的TN系统)。本项目中工作电源采用的是TN-S系统。

配电盘一般由柜体、开关(断路器)、保护装置、监视装置、电能计量表,以及其他二次元器件组成。安装在发电站、变电所以及用电量较大的电力客户处。本项目提到的配电盘如图5-1所示。

其中,电能表为DTS2006型三相四线电子式电能表。低压断路器为DZ47LE系列漏电断路器。DZ47LE系列漏电断路器适用于交流50Hz,额定工作电压230V/400V,额定电流至60A的线路中,用来对人进行间接接触保护,以及对建筑物及类似用途的线路进行过电流保护。

由于电动机定子绕组封装在电动机机座内,为了便于研究电路的连接以及电压、电流的测量,本项目中用电灯泡代替电动机的绕组。

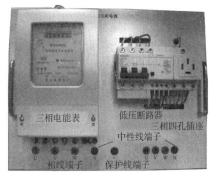

图5-1 三相动力配电盘

项目目标

1. 了解线电压与相电压、线电流与相电流的概念和相互之间的关系。
2. 了解三相负载的连接方式。
3. 会使用常用电工工具和电工仪表。
4. 会计算三相电路的相电流、线电流,相电压、线电压。
5. 能够正确测量三相电路的相电流、线电流,相电压、线电压。
6. 具备自主学习能力、交流沟通能力、运算能力和分析解决问题的能力。
7. 具备查阅资料、收集信息的能力,具有良好的通力合作的团队精神。
8. 具有良好的职业道德,树立规范操作意识。
9. 树立安全意识、节能意识和 5S 意识。

班级_____ 姓名_____ 学号_____ 日期_____

任务 5.1 三相异步电动机电路连接与检测

5.1.1 任务描述

本任务引导学习者识读三相异步电动机与三相电源的连接形式，认识三相电源，写出对称三相电源的解析式，分析各相间的关系；理解对称三相电路的概念，理解线电压、相电压、线电流、相电流的概念，测量三相电源的线电压和相电压；理解三相负载的星形和三角形连接形式，通过连接的三相异步电动机直接启动电路，测量各连接形式下的线电压和相电压、线电流和相电流等。

5.1.2 任务目标

▶ 知识目标

1. 理解对称三相电路的概念。
2. 理解线电压、相电压、线电流、相电流的概念。
3. 了解三相动力配电盘各组成元件的名称、作用、安装位置。
4. 了解三相电能表的接线方式。
5. 理解三相负载的星形和三角形连接。
6. 了解线电压与相电压、线电流与相电流之间的关系。

▶ 能力目标

1. 识读三相电路的连接形式。
2. 会识读三相动力配电盘各组成元件的规格型号和文字标识。
3. 能将三相负载连接成星形或三角形连接形式。
4. 会使用电压表和电流表测量线电压、相电压和线电流、相电流。
5. 会计算对称三相电路的线电压、相电压、线电流和相电流。

▶ 素质目标

1. 培养作风严谨，精益求精的工匠精神。
2. 培养大局意识，培养协同工作、无私奉献的共赢精神。
3. 养成工作整洁、有序、爱护仪器设备的良好习惯，培养 5S 意识。

5.1.3 学习场地、设备与材料、课时数建议

 学习场地

多媒体教室及实训室。

 设备与材料

主要设备与材料如表 5-1 所示。

主要设备与材料　　　　表 5-1

示意图	![电压表]	![电流表]	![电灯泡]
名称	交流电压表	交流电流表	电灯泡

课时数

2 课时。

5.1.4 知识储备

一、认识三相交流电源

1. 三相交流电源的优点

由一个正弦交流电源供电的电路称为单相电路,而由幅值相等、频率相同、相位彼此互差 120°的三个正弦电压源同时供电的体系,称为三相电路。

目前,交流电能的生产和输送一般都采用三相制供电,这是因为与单相交流电路相比,三相交流电在发电、输配电及用电方面有以下突出的优点:

(1) 在尺寸相同的情况下,三相发电机比单相发电机输出的功率大。

(2) 在输电距离、输电电压、输送功率和线路损耗相同的条件下,三相输电比单相输电可节省有色金属 25%。

(3) 单相电路的瞬时功率随时间交变,而对称三相电路的瞬时功率是恒定的,因而使三相电动机具有恒定转矩,比单相电动机的运行性能好,结构简单,便于维护。

2. 三相交流发电机及其基本结构

三相交流电是由三相交流发电机产生的。图 5-2a)、图 5-2b) 所示分别为三相交流发电机的实物图和原理图,由图 5-2b) 可知,三相交流发电机的主要组成部分是电枢和磁极。

电枢是固定不动的,又称为定子。定子铁芯的内圆周表面冲有均匀的槽,用以三相交流发电机电枢绕组,每相绕组的形状、尺寸及匝数完全相同,如图 5-2b) 所示。它们的首端分别用 U_1、V_1、W_1 表示,末端用 U_2、V_2、W_2 表示。每个绕组的两边放置在相应的定子铁芯的槽内,但要求绕组的首端与首端之间、末端与末端之间在空间上都彼此相隔 120°。

磁极是转动的,又称为转子。转子铁芯上绕有直流励磁绕组。选择合适的极面形状和励磁绕组的布置情况,可以使定、转子空气间隙产生的磁场的磁感应强度 B 按正弦规律分布。

3. 三相交流发电机的工作原理

当转子由原动机带动,并以角速度 ω 沿逆时针方向转动时,则三相电枢绕组依次切割气隙磁场的磁力线,其中产生频率相同、幅值相等的正弦电动势 e_U、e_V、e_W。电动势的参考方向规定由绕组的末端指向首端,如图 5-3 所示。

a) 实物图

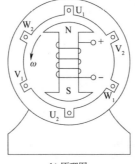
b) 原理图

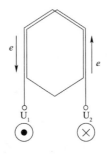
c) 电枢绕组

图 5-2 三相交流发电机

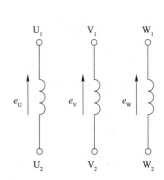

图 5-3 感应电动势的方向

由图 5-2b) 可以看出,当 N 极的轴线正转到 U_1 处时,U 相的电动势 e_U 达到正的幅值。经过 120°后 N 极的轴线正转到 V_1 处,V 相的电动势 e_V 达到正的幅值。同理,由此再经过120°后，W相的电动势 e_W 达到正的幅值。周而复始。所以在相位上，e_U 超前 e_V 120°相位，e_V 超前 e_W 120°相位，e_W 超前 e_U 120°相位。如果以U相的电动势 e_U 为参考正弦量，则得出正弦电动势 e_U、e_V、e_W 的瞬时值表达式为：

$$e_U = E_m \sin\omega t$$

也可以用相量法表示为：

$$\dot{E}_U = E\angle 0°$$

如果用相量图和波形图来表示，则如图5-4所示。

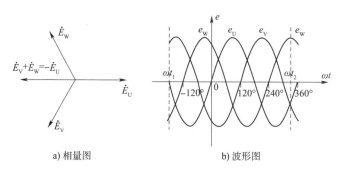

a) 相量图　　　　b) 波形图

图5-4　三相电动势的相量图和波形图

由此可见，三相电动势的幅值相等，频率相同，相位上彼此互差120°。这种电动势称为对称三相电动势。

从相量图可以看出，这组对称三相电动势的相量之和等于零，即：

$$\dot{E}_U + \dot{E}_V + \dot{E}_W = 0$$

从波形图也可看出，任意时刻对称三相电动势的瞬时值之和恒等于零，即：

$$e_U + e_V + e_W = 0$$

能够提供这样一组对称三相正弦电动势的电源就是对称三相电源，通常所说的三相电源都是指对称三相电源。

对称三相正弦量到达最大值(或零值)的先后顺序称为相序，上述U相超前于V相、V相超前于W相的顺序称为正相序，简称为正序，一般的三相电源都是正序对称的。实际中以黄、绿、红三种颜色分别作为U、V、W三相的标识。

【例5-1】　一个对称三相电源，已知 $u_U = 311\sin(314t + 30°)$ V，求其余两相电压的瞬时值表达式。

解：由三相电压的对称关系，得：

$$u_V = 311\sin(314t - 90°) \text{ V}$$
$$u_W = 311\sin(314t + 150°) \text{ V}$$

【例5-2】　一个对称三相电源，已知 $\dot{U}_V = 220\angle -120°$ V，求其余两相电压的相量表达式。

解：由三相电压的对称关系，得：

$$\dot{U}_U = 220\angle 0° \text{ V} \qquad \dot{U}_W = 220\angle 120° \text{ V}$$

4. 三相电源的星形连接

三相电源的星形连接是把三相绕组的末端 U_2、V_2、W_2 连接在一起，形成一个公共点N，此点称为三相电源的中性点，然后由中性点及绕组的首端 U_1、V_1、W_1 分别向外引出导线，如图5-5所示。三相电源的星形连接又称为Y形连接。从图5-5中可以看出，从绕组的三个首端 U_1、V_1、W_1 分别引出的导线称为端线或相线(俗称火线)，从中性点N引出的导线称为中性线(俗称零线)。这样由三根相线和一根中性线所组成的输电方式称为三相四线制，如图5-6所示。若无中性线，则称为三相三线制。

每相绕组的电压或各相线与中性线之间的电压称为相电压,分别用 U_{UN}、U_{VN}、U_{WN} 来表示其有效值,简写为 U_U、U_V、U_W。任意两根相线之间的电压称线电压,分别用 U_{UV}、U_{VW}、U_{WU} 表示其有效值。

在电工技术中,通常用 U_P 表示相电压的有效值,用 U_L 表示线电压的有效值。相电压与线电压关系的相量图,如图 5-7 所示。

从图 5-7 中可以看出,得到的三个线电压仍然对称,它们的相位分别超前于相应的相电压 30°相位。线电压的大小利用几何关系可求得为:

$$\frac{1}{2}U_L = U_P\cos30° = \frac{\sqrt{3}}{2}U_P$$

由此得:

$$U_L = \sqrt{3}\,U_P$$

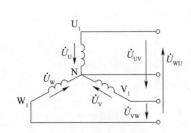

图 5-5　三相电源的星形连接

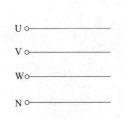

图 5-6　三相四线制电源

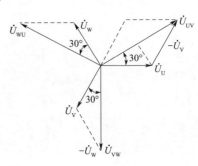

图 5-7　电源作星形连接时相电压与线电压的相量图

三相四线制供电系统具有以下特点:

(1)有两组供电电压,即相电压和线电压,三个相电压和三个线电压均为对称电压。

(2)线电压的有效值等于相电压有效值的 $\sqrt{3}$ 倍,记为:

$$U_L = \sqrt{3}\,U_P$$

(3)各线电压在相位上比对应的相电压超前 30°相位,即 $\dot{U}_{UV}$ 超前 $\dot{U}_U$ 30°相位,$\dot{U}_{VW}$ 超前 $\dot{U}_V$ 30°相位,$\dot{U}_{WU}$ 超前 $\dot{U}_W$ 30°相位。

在三相四线制低压配电系统中,电源的相电压为 220V,线电压为 380V。

5. 三相电源的三角形连接

把三相电源的三个绕组的首端和末端依次相接,使其成为闭合回路,再从这三个连接点引出三根端线,这种只用三根端线供电的方式称为三相三线制。

三相绕组作三角形连接时(图 5-8),电源的线电压等于相应的相电压,其相量(图 5-9)关系式为:

$$\dot{U}_{UV} = \dot{U}_U,\ \dot{U}_{VW} = \dot{U}_V,\ \dot{U}_{WU} = \dot{U}_W$$

因此,电源线电压的有效值就等于相电压的有效值,即:

$$U_L = U_P$$

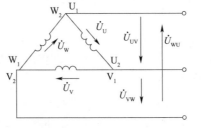

图 5-8　电源的三角形连接　　图 5-9　相量图

电源作三角形连接时,三个具有电动势的绕组便形成一闭合回路,由于三相电动势是对称的,三个电动势之和为零,所以在回路中不会产生电流。但是若有一相绕组反接,则回路中电动势之和不再为零,在回路中产生很大的环流,导致发电机绕组烧毁。因此,电源作三角形连接时,必须正确判定每相绕组的首端、末端后,再按正确的方法接线。

【例5-3】 已知有一台三相发电机,其每相电动势为220V,分别求出当三相绕组作星形连接和三角形连接时的线电压和相电压。

解：三相绕组作星形连接时：

$$U_P = 220V$$
$$U_L = \sqrt{3}\,U_P = \sqrt{3} \times 220 = 381(V)$$

三相绕组作三角形连接时：

$$U_L = U_P = 220V$$

二、认识三相动力配电盘

(一)配电盘概述

配电盘又名配电柜,是集中、切换、分配电能的设备。配电盘一般由柜体、开关(断路器)、保护装置、监视装置、电能计量表,以及其他二次元器件组成。安装在发电站、变电所以及用电量较大的电力客户处。按照电流可以分为交、直流配电盘。按照电压可分为照明配电盘和动力配电盘,或者高压配电盘和低压配电盘。简单动力配电盘如图5-10所示。

(二)三相动力配电盘的各部件

1. DTS2006型三相四线电子式电能表

(1)概述。DTS2006型三相四线电子式电能表是采用全电子结构的新一代电能表,具有高精度、高可靠性、低功耗、计量负荷范围宽,精度在长时间内稳定不变和防窃电等特点。

(2)技术数据。DTS2006型三相四线电子式电能表相关技术数据如表5-2所示。

图5-10 DTS2006型三相四线电子式电能表

DTS2006型三相四线电子式电能表相关技术数据　　表5-2

准确度等级	1.0/2.0
参比电压	$3 \times 220/380V$,$3 \times 58/100V$
基本电流	1.5(6)A、5(20)A、10(40)A、15(60)A、20(80)A、30(100)A
参比频率	50Hz

①参比电压：指的是确定电能表有关特性的电压值。对于三相三线电能表以相数乘以线电压表示,如$3 \times 380V$。对于三相四线电能表则以相数乘以相电压或线电压表示,如$3 \times 220/380V$。对于单相电能表则以电压线路接线端上的电压表示,如220V。

②基本电流：基本电流是确定电能表有关特性的电流值。例如,5(20)A表示电能表的基本电流为5A,额定最大电流为20A,对于三相电能表还应在前面乘以相数,如$3 \times 5(20)A$。

(3)接线。三相电能表有三相三线制电能表和三相四线制电能表两个系列,是用来计量三相负载消耗电能情况的仪表。三相三线制电能表的接线如图5-11所示,三相四线制电能表的接线如图5-12所示。三相四线制电能表总计有11个接线柱,三相

进线 L_1、L_2、L_3 分别接电能表的 1、4、7，出线分别由 3、6、9 引出，1、4、7 与 2、5、8 之间连接的压片不动，中性线接 11 或 10（10 和 11 是直通的）。

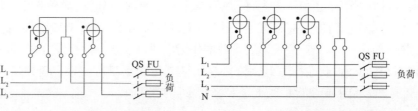

图 5-11　三相三线制电能表接线图　　　　图 5-12　三相四线制电能表接线图

三相三线制电能表与三相四线制电能表相比，少了一个测量元件，所以接线比较简单。三相三线制电能表用于三相三线制系统中，用来计量三相负载的用电量，也可以用在负载对称的三相四线制供电系统中。而三相四线制电能表用在三相四线制的供电系统中，既可以计量对称负荷，也可以用来计量不对称负荷。

（4）电能表的安装要求。

①注意电能表的工作环境。电能表应安装在清洁、干燥的场所，周围不能有腐蚀性或可燃性气体，不能有大量的灰尘，不能靠近强磁场。与热力管线应保持 0.5m 以上的距离。环境温度应为 0~40℃。

②明装电能表距地面应为 1.8~2.2m，暗装应不低于 1.4m。装于立式盘和成套开关柜时，不应低于 0.7m。电能表应固定在牢固的表板或支架上，不能有振动。安装位置应便于抄表、检查、试验。

③电能表应垂直安装，垂直度偏差不应大于 2°。

④电能表配合电流互感器使用时，电能表的电流回路应选用 2.5mm^2 的独股绝缘铜芯导线，电压回路应选 1.5mm^2 的独股绝缘铜芯导线，中间不能有接头，不能装设开关与保险。所有压接螺钉要拧紧，导线端头要有清楚而明显的编号。互感器二次绕组的一端要接地。

（5）电能表的安全要求。

①电能表的选择要使它的型号和结构与被测的负荷性质和供电制式相适应，它的电压额定值要与电源电压相适应，电流额定值要与负荷相适应。

②要弄清电能表的接线方法，然后再接线。接线一定要细心，接好后仔细检查。如果发生接线错误，轻则造成计量不准或者电能表反转，重则导致烧表，甚至危及人身安全。

③配用电流互感器时，电流互感器的二次侧在任何情况下都不允许开路。二次侧的一端应做良好的接地。接在电路中的电流互感器如暂时不用时，应将二次侧短路。

④容量在 250A 及以上的电能表，需加装专用的接线端子，以备校表之用。

2．低压断路器

低压断路器亦称作自动开关、空气开关等。常用的国产型号有 DW 系列（万能式）、DZ 系列（塑料外壳式），如图 5-13 所示。

图 5-13　低压断路器

（1）低压断路器作用及分类。低压断路器（曾称自动开关）是一种不仅可以接通和分断正常负荷电流和过负荷电流，还可以接通和分断短路电流的开关电器。低压断路器在电路中除起控制作用外，还具有一定的保护功能，如过负荷、短路、欠压和漏电保护等。低压断路器的分类方式很多，按使用类别分，有选择型（保护装置参数可调）和非选择型（保护装置参数不可调）；按灭弧介质分，有空气式和真空式（目前国产多为空气式）。低压断路器容量范围很大，最小为 4A，而最大可达 5000A。低压断路器广泛应用于低压配电系统各级馈出线，各种机械设备的电源控制和用电终端的控制和保护。

(2)低压断路器接线。断路器垂直正向安装或横向安装时,以断路器面板上铭牌的字或标识作为参数,将断路器上方的接线端作为电源的进线端,又名电源端,将断路器下方接线端作为负载的连接端,又名负载端,这种接线方式,称为上进线;反之将断路器上进线中的电源端当作负载端,负载端作为电源端来使用的接线方式,称下进线。断路器有电源端和负载端标志,分别以1、3、5表示电源端,2、4、6表示负载端。

3. DZ47LE 系列漏电断路器

漏电断路器是在断路器的基础上加装漏电保护部件构成的,所以在保护上具有漏电、过负载及短路保护功能。某些漏电断路器就是在断路器外拼装漏电保护附件组成的。

(1)适用范围。DZ47LE 系列漏电断路器适用于交流 50Hz,额定工作电压 230V/400V,额定电流至 60A 的线路中,用来对人进行间接接触保护,以及对建筑物及类似用途的线路进行过电流保护。也可对由于过电流保护装置不动作而持续存在的接地故障引起的火灾提供保护。带过电压保护的漏电断路器还能对由于电网故障引起电压过高进行保护。该系列产品在低压配电系统中已经越来越多地被采用,作为接地故障和直接接触、间接接触电击的后备保护。

(2)型号及其含义(图 5-14)。

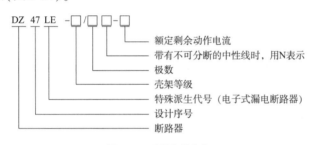

图 5-14 型号及其含义

(3)接线。

①应按照漏电断路器上的电源和负载标志进行接线,不得将两者接反。

②保护线不得穿过零序电流互感器,当采用三相五线制或单相三线制时,保护线必须接在漏电断路器进线端的保护干线上,中途不得穿过零序电流互感器。

③单相照明电路、三相四线制配电线路以及其他使用工作中性线的线路或设备,中性线必须穿过零序电流互感器。

④在变压器中性点直接接地的系统中,一旦装设了漏电断路器,工作中性线自穿过零序电流互感器后就只能当作工作中性线使用,不能重复接地,也不能与其他线路的工作中性线相连。

⑤用电设备只能接在漏电断路器的负荷侧,不允许一端接在负荷侧,而另一端接在电源侧。

⑥三相四线制或三相五线制下单相与三相负荷混用的线路中,要尽量使三相负荷平衡。

三、三相动力配电盘布线图和实训室三相动力配电盘

(一)三相动力配电盘布线图

三相动力配电盘的布线如图 5-15 所示。入户线先经三相电能表接入三相低压断路器,再经过三个单相低压断路器分配到负荷上。

(二)实训室三相动力配电盘

实训室三相动力配电盘正面和背面布置图如图 5-16 所示。三相电源 U、V、W 三

相接入三相四线制电能表(DTS2006型)的1、4、7接线端子,从3、6、9接线端子出线后接入低压断路器(DZ47LE)进线端L_1、L_2、L_3,电源中性线N接入电能表的10端子,从11端子出线后接入低压断路器的N端子,低压断路器出线端接三相四极插座和U、V、W三相端子,PE端子连接保护线。

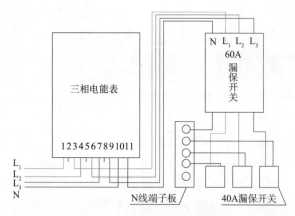

图5-15 三相动力配电盘的布线图

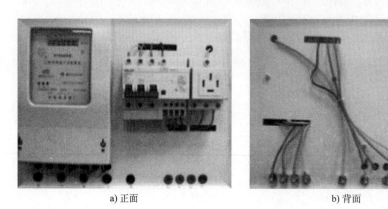

a) 正面　　　　　　　　　　b) 背面

图5-16 实训室三相动力配电盘

四、三相异步电动机简介

三相异步电动机主要由定子和转子两部分组成,定子和转子间有很小的气隙。另外还有机座、端盖、风扇等部件。三相异步电动机的外形图和结构部件图见图5-17。

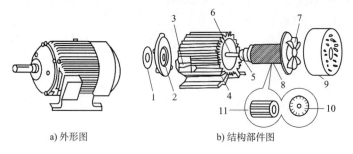

a) 外形图　　　　　　　b) 结构部件图

图5-17 三相异步电动机的外形图和结构部件图

1-轴承盖;2-端盖;3-接线盒;4-机座;5-轴承;6-转子轴;7-风扇;8-转子;9-风扇罩壳;10-转子铁芯;11-笼型绕组

1.定子部分

三相异步电动机的定子主要由定子铁芯、定子三相绕组、机座等组成。定子铁芯是电动机磁路的一部分,嵌放定子绕组。定子绕组是电动机的电路部分,主要作用是通入三相交流电产生旋转磁场。绕组间以一定规律连接并构成三相绕组。三相绕组的引出线分别用U_1、V_1、W_1(首端)和U_2、V_2、W_2(末端)标注。六根引线引至接线板上,根据使用需要,通过连接片可将三相绕组作Y形或三角形连接,如图5-18、图5-19所示。

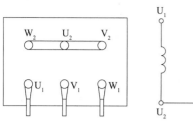 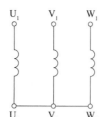   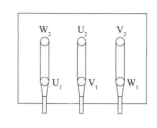 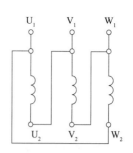

图 5-18　三相绕组引出线接法（Y 形连接）　　　　图 5-19　三相绕组引出线接法（三角形连接）

机座的主要作用是固定和支承定子铁芯和端盖，同时保护整台电动机的电磁部分，发散电动机运行中产生的热量。

2. 转子部分

三相异步电动机的转子有笼型和绕线型两种形式，它们都由转子铁芯、转子绕组和转轴三部分组成。转子铁芯的主要作用是作为电动机磁路的一部分，嵌放转子绕组。转子绕组的主要作用是切割旋转磁场，产生感应电势和电流，并在磁场的作用下受力而使转子转动。转子绕组的结构可分为鼠笼式转子绕组和绕线式转子绕组两种类型。转轴的主要作用是传递力和机械功率。

3. 三相负载的连接

（1）Y 形连接。

从图 5-20a) 可以看出，负载两端的电压就是该相的相电压。如果我们忽略输电线上的电压降，则负载的相电压就等于电源的相电压 $\dot{U}_\mathrm{U}$、$\dot{U}_\mathrm{V}$、$\dot{U}_\mathrm{W}$。

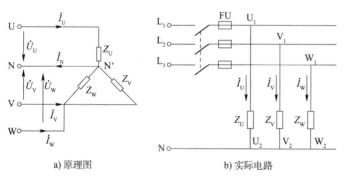

图 5-20　三相负载的星形连接

各相电压的作用下，有电流分别流过各端线负载和中性线。流过负载的电流称为相电流，分别用 $\dot{I}_\mathrm{U}$、$\dot{I}_\mathrm{V}$、$\dot{I}_\mathrm{W}$ 表示。其正方向与相电压的正方向一致。流过端线的电流称为线电流，用 $\dot{I}_\mathrm{U}$、$\dot{I}_\mathrm{V}$、$\dot{I}_\mathrm{W}$ 表示，其正方向规定是从电源流向负载。流过中性线的电流称为中性线电流，用 $\dot{I}_\mathrm{N}$ 表示，其正方向规定为从负载中点 N′ 流向电源中点 N。由此可见，在三相四线制中，当负载作星形连接时，各相负载所承受的电压为对称的电源相电压，并且线电流等于相电流，即：

$$I_\mathrm{L} = I_\mathrm{P}$$

则各相电流的相量式为：

$$\dot{I}_\mathrm{U} = \frac{\dot{U}_\mathrm{U}}{Z_\mathrm{U}},\ \dot{I}_\mathrm{V} = \frac{\dot{U}_\mathrm{V}}{Z_\mathrm{V}},\ \dot{I}_\mathrm{W} = \frac{\dot{U}_\mathrm{W}}{Z_\mathrm{W}}$$

中性线电流为：

$$\dot{I}_\mathrm{N} = \dot{I}_\mathrm{U} + \dot{I}_\mathrm{V} + \dot{I}_\mathrm{W}$$

各相负载的电压与电流之间的相位差为：

$$\varphi_U = \arctan\frac{X_U}{R_U}, \varphi_V = \arctan\frac{X_V}{R_V}, \varphi_W = \arctan\frac{X_W}{R_W}$$

若各相负载对称,即各相负载的阻抗和阻抗角都相等,即:

$Z_U = Z_V = Z_W, \varphi_U = \varphi_V = \varphi_W$。

由于三相电源总是对称的,每相电流的大小与其电压间的相位差均相等,亦即三个相电流也是对称的。这样,三相电路的计算可简化为对一相电路的计算,即:

$$I_U = I_V = I_W = \frac{U_P}{|Z|} = \frac{U_L}{\sqrt{3}|Z|}$$

流过中性线的电流:

$$i_N = i_U + i_V + i_W = 0$$

即中性线内没有电流流过。因此,当负载采用星形连接时,取消中性线也不会影响到各相负载的正常工作,这样三相四线制就可变成三相三线制,如三相异步电动机等负载,皆采用三相三线制供电。三相对称负载连接成星形,虽然可去掉中性线,但各相负载的电压仍然是电源相电压,或负载不对称,仍需连接中性线。至于接在三相四线制电网上的单相负载,如照明电路、各种家用电器等,在设计安装供电线路时不应全部接在某一相上,应均匀地分配给三相电源,力求对称。

【例5-4】 星形连接的三相对称负载,已知其每相等效参数 $R_P = 6\Omega, X_P = 8\Omega$,现把它接入电源线电压 $U_L = 380V$ 的三相线路中,求通过每相负载的电流 I_P,功率因数 $\cos\varphi$。

解:因为负载是对称的,故只需计算一相。

由相电压和线电压的关系式可以得到相电压,即:

$$U_P = \frac{U_L}{\sqrt{3}} = \frac{380}{\sqrt{3}} = 220(V)$$

电路的阻抗为:

$$|Z_P| = \sqrt{R_P^2 + X_P^2} = \sqrt{6^2 + 8^2} = 10(\Omega)$$

电路的相电流为:

$$I_P = \frac{U_P}{|Z_P|} = \frac{220}{10} = 22(A)$$

功率因数为:

$$\cos\varphi = \frac{R_P}{|Z_P|} = \frac{6}{10} = 0.6$$

(2)三角形连接(图5-21)。

将各相负载依次接在两端线之间,如图5-21a)所示,图5-21b)为负载作三角形连接的实际电路。这时,不论负载是否对称,各相负载所承受的电压(负载的相电压)均为对称的电源线电压,即:

$$U_{UV} = U_{UW} = U_{WU} = U_P = U_L$$

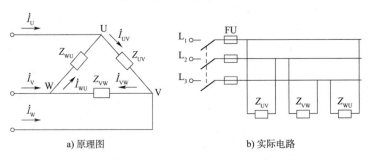

a) 原理图　　　　　b) 实际电路

图5-21　三相负载的三角形连接

若各相负载的复阻抗分别为 Z_{UV}、Z_{VW}、Z_{WU}，则各相负载电流为：

$$\dot{I}_{UV} = \frac{\dot{U}_{UV}}{Z_{UV}}, \dot{I}_{VW} = \frac{\dot{U}_{VW}}{Z_{VW}}, \dot{I}_{WU} = \frac{\dot{U}_{WU}}{Z_{WU}}$$

各相负载的电压与电流之间的相位差分别为：

$$\varphi_U = \arctan\frac{X_{UV}}{R_{UV}}, \varphi_V = \arctan\frac{X_{VW}}{R_{VW}}, \varphi_W = \arctan\frac{X_{WU}}{R_{WU}}$$

由此可以看出，负载三角形连接时，任一端线上的线电流就等于同它相连的两负载中的相电流的相量差，即：

$$\dot{I}_U = \dot{I}_{UV} - \dot{I}_{WU}, \dot{I}_V = \dot{I}_{VW} - \dot{I}_{UV}, \dot{I}_W = \dot{I}_{WU} - \dot{I}_{VW}$$

如果负载对称，即：

$$Z_{UV} = Z_{VW} = Z_{WU}, \varphi_{UV} = \varphi_{VW} = \varphi_{WU}$$

则负载的相电流也是对称的，即：

$$I_{UV} = I_{VW} = I_{WU} = I_P = \frac{U_P}{|Z_P|}$$

三个相电流是对称的，所以三个线电流也必然对称，则：

$$i_U + i_V + i_W = 0$$

并且：

$$I_L = \sqrt{3} I_P$$

即负载对称时，线电流等于负载相电流的 $\sqrt{3}$ 倍。

综上所述，三相负载应采用星形连接还是三角形连接，必须根据每相负载的额定电压与电源线电压的关系而定，而同电源的连接方式无关。当各相负载的额定电压等于三相电源的线电压时，负载应作三角形连接。如果每相负载的额定电压等于电源线电压的 $\frac{1}{\sqrt{3}}$ 时，负载就必须作星形连接，而且若负载不对称时，还必须接有中性线。

【例 5-5】 三角形连接的三相对称负载，已知其每相等效参数 $R_P = 6\Omega$，$X_P = 8\Omega$，现把它接入电源线电压 $U_L = 380V$ 的三相线路中，求通过每相负载的电流 I_P，线电流 I_L，功率因数 $\cos\varphi$。

解：因为负载是对称的，故只需计算一相：

$$U_P = U_L = 380(V)$$

$$|Z_P| = \sqrt{R_P^2 + X_P^2} = \sqrt{6^2 + 8^2} = 10(\Omega)$$

$$I_P = \frac{U_P}{|Z_P|} = \frac{380}{10} = 38(A)$$

$$I_L = \sqrt{3} I_L = 38\sqrt{3} \approx 66(A)$$

$$\cos\varphi = \frac{R_P}{|Z_P|} = \frac{6}{10} = 0.6$$

笔记区

5.1.5 任务实施

技能训练 5-1　三相异步电动机电路连接与检测

班级		姓名		日期	
同组人					

工作准备

▶ 认一认

观察 TN-S 供电方式的实训台电源,在图 5-22 中标出各接线端的符号。

▶ 测一测

1. 测量相电压。

如图 5-22 所示,使用万用表交流电压挡 250V 量程测量相电压,将数据填入表 5-3。

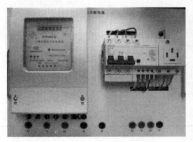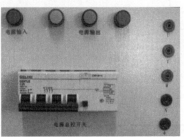

图 5-22　实训台电源

测量数据　　　　　　　　　　　　　　　　　　　　　表 5-3

相电压	U_{UN}	U_{VN}	U_{WN}
测量值(V)			

可见,实训台电源三个相电压近似(相等/不相等)。

2. 测量线电压。

如图 5-22 所示,使用万用表交流电压挡测量线电压,将数据填入表 5-4。

测量数据　　　　　　　　　　　　　　　　　　　　　表 5-4

线电压	U_{UV}	U_{VW}	U_{WU}
测量值(V)			

可见,实训台电源三个线电压近似(相等/不相等)。用 U_L 表示线电压,U_P 表示相电压,$U_L/U_P \approx$ _____。

▶ 写一写

1. 由幅值_____、频率_____、相位_____的三个正弦电压源同时供电的体系,称为三相电路。

2. 三相四线制供电系统,线电压的有效值等于相电压有效值的_____倍,记为:_____。

3. 电源作三角形连接时,必须正确判定每相绕组的_____、_____后,再按正确的方法接线。

4. 三相动力配电盘一般由柜体、开关、保护装置、监视装置、_____，以及其他二次元器件组成。

5. 三相电能表有_____电能表和_____电能表两个系列,是用来计量三相负载_____情况的仪表。

6. 低压断路器亦称作_____、空气开关等,是一种不仅可以接通和分断正常负荷电流和过负荷电流,还可以接通和分断_____电流的开关电器。

7. 漏电断路器是在断路器的基础上加装_____部件而构成,所以在保护上具有漏电、过负载及短路保护功能。

8. 三相负载作 Y 形连接时,各相负载所承受的电压为对称的电源_____电压,并且线电流_____相电流,即:_____。

9. 三相负载作三角形连接时,不论负载是否对称,各相负载所承受的电压(负载的相电压)均为对称的电源_____电压。负载对称时,线电流等于负载相电流的$\sqrt{3}$倍。

▶ 记一记

三相四线制供电系统具有以下特点:

▶ 算一算

1. 一个对称三相电源,已知 $u_U = 311\sin(314t + 60°)$ V,则 $u_V = $ _____,$u_W = $ _____。

2. 一个对称三相电源,已知 $\dot{U}_V = 220 \angle -60°$ V,则 $\dot{U}_U = $ _____,$\dot{U}_W = $ _____。

3. 在三相四线制低压配电系统中,电源的相电压为220V,线电压为_____V。

实施步骤

1. 如图 5-23 所示,请指出三相动力配电盘的各组成元件名称、型号和作用,填入表 5-5。

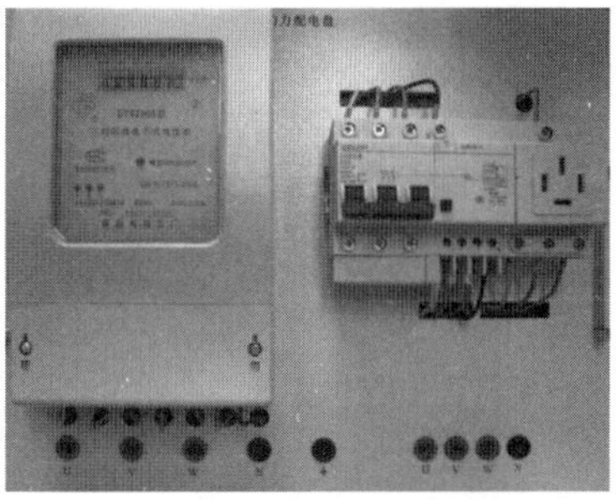

图 5-23 三相动力配电盘

三相动力配电盘组成元件名称、型号和作用 表 5-5

名称	
型号	
作用	

2. 试在下面空白处画出三相三线制电能表接线图。

3. 试在下面空白处画出三相四线制电能表接线图。

4. 在图 5-24 中标出三相异步电动机部件的名称

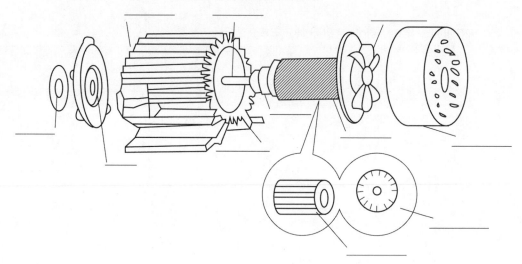

图 5-24 三相异步电动机的基本结构

5. 将图 5-25 中三相异步电动机的定子绕组分别接成星形和三角形。

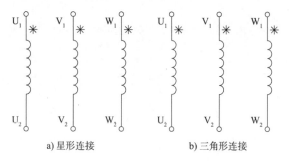

a) 星形连接　　　　b) 三角形连接

图 5-25 连接三相异步电动机的定子绕组

6. Y 形连接电路。
(1) 将三相异步电动机三相定子绕组连接成 Y 形。
(2) 按正相序将三相异步电动机连接到低压断路器上。
(3) 检查电路连接是否正确，等待教师查验。
(4) 启动运行三相异步电动机。
(5) 测量数据。
正确选用仪表测量相应数据，并将结果填到表 5-6 中。注：三相绕组的公共点即相当于三相电路的中性点。

三相负载 Y 形连接　　　　　　　　　　　　　　　表 5-6

U_{UN}	U_{VN}	U_{WN}	U_{UV}	U_{VW}	U_{WU}	I_U	I_V	I_W

从表 5-6 中我们可看到各相的相电压近似_____,任意两相间的线电压近似_____,线电压和相电压的关系是:$U_L/U_P \approx$ _____,各相的线电流也近似_____。

7. 三角形连接电路。
(1)将三相异步电动机三相定子绕组连接成三角形。
(2)按正相序将三相异步电动机连接到低压断路器上。
(3)检查电路连接是否正确,等待教师查验。
(4)启动运行三相异步电动机。
(5)测量数据。
按表中要求测量相应数据并把结果填到表 5-7 中。

三相负载三角形连接　　　　　　　　　　　　　　表 5-7

U_{UV}	U_{VW}	U_{WU}	I_U	I_V	I_W	I_{UV}	I_{VW}	I_{WU}

从表 5-7 的测量数据可以看出线电压近似_____,各相的相电流近似_____,各端线中的线电流近似_____,线电流和相电流的关系是:$I_L/I_P \approx$ _____。

8. 解题计算。

星形连接的三相对称负载,已知其每相等效参数 $R_P = 8\Omega$,$X_P = 6\Omega$,现把它接入电源线电压 $U_L = 380V$ 的三相线路。问:①求通过每相负载的电流 I_P,线电流 I_L,功率因数 $\cos\varphi$。②若改成三角形连接时,数据为多少?

解:①Y 形连接时:

由相电压和线电压的关系式可以得到相电压,即 $U_P = \dfrac{U_L}{\sqrt{3}} =$ _____。

电路的阻抗为:

$$Z_P = \sqrt{R_P^2 + X_P^2} =$$

电路的相电流为:

$$I_P = \frac{U_P}{Z_P} =$$

电路的线电流为:

$$I_L = I_P =$$

功率因数为:

$$\cos\varphi = \frac{R_P}{Z_P} =$$

②在下面写出三角形连接时的计算过程。

5.1.6 学习评价

任务 5.1 学习评价表如表 5-8 所示。

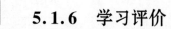

任务 5.1 学习评价表　　　　表 5-8

序号	项目		评价要点	分值(分)	得分
1	三相异步电动机的连接与检测	认识三相交流电源	了解三相交流电源的产生	6	
			理解三相交流电源 Y 形连接	7	
			理解三相交流电源三角形连接	7	
		三相动力配电盘	识读组成部件	5	
			三相电能表接线正确	5	
			三相配电盘接线正确	5	
		三相异步电动机结构原理	识读基本结构工作原理	10	
		三相异步电动机的连接	能将负载作 Y 形连接	15	
			能将负载作三角连接	15	
2	安全、规范操作		操作安全、规范	10	
			表格填写工整	5	
3	5S 现场管理		工作台面整洁干净	5	
			工具仪表归位放置	5	
	总分			100	

班级_____ 姓名_____ 学号_____ 日期_____

任务 5.2 三相电路功率与电能测量

5.2.1 任务描述

本任务引导学习者利用功率表测量星形、三角形连接电路有功功率、无功功率,使用三相功率以及用单相功率表测量三相交流电流的功率等。

5.2.2 任务目标

▶ 知识目标

1. 了解线电压与相电压、线电流与相电流的概念和相互之间的关系。
2. 了解三相负载的连接方式。
3. 理解三相电路的有功功率、无功功率、视在功率、功率因数的概念。

▶ 能力目标

1. 会使用常用电工工具和电工仪表。
2. 会计算三相电路的有功功率、无功功率、视在功率、功率因数。
3. 能够正确测量三相电路的有功功率、无功功率、视在功率和功率因数。

▶ 素质目标

1. 具备自主学习能力、交流沟通能力、运算能力和分析并解决问题的能力。
2. 培养精益求精的工匠精神。
3. 具有良好的职业道德,树立规范操作意识。
4. 树立安全意识、节能意识和 5S 意识。

5.2.3 学习场地、设备与材料、课时数建议

学习场地

多媒体教室及实训室。

设备与材料

主要设备与材料如表 5-9 所示。

主要设备与材料 表 5-9

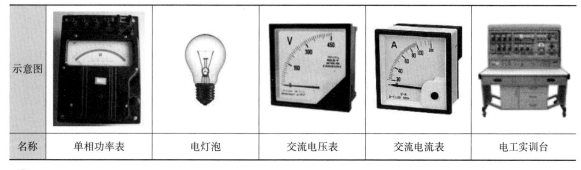

示意图					
名称	单相功率表	电灯泡	交流电压表	交流电流表	电工实训台

课时数

2 课时。

5.2.4 知识储备

一、三相星形电路功率的测量

1. 三相电路的功率

三相电路的总功率与单相一样,三相交流电路的功率也分别为有功功率、无功功率和视在功率。

三相交流电路的有功功率 P 为:

$$P = P_U + P_V + P_W = U_U I_U \cos\varphi_U + U_V I_V \cos\varphi_V + U_W I_W \cos\varphi_W$$

式中:U_U、U_V、U_W——各相相电压,V;
I_U、I_V、I_W——各相相电流,A;
$\cos\varphi_U$、$\cos\varphi_V$、$\cos\varphi_W$——各相负载的功率因数。

三相交流电路的无功功率 Q 为:

$$Q = Q_U + Q_V + Q_W = U_U I_U \sin\varphi_U + U_V I_V \sin\varphi_V + U_W I_W \sin\varphi_W$$

三相交流电路的视在功率 S 和功率因数 λ 分别为:

$$S = \sqrt{P^2 + Q^2}$$

$$\lambda = \cos\varphi = \frac{P}{S}$$

2. 对称三相电路的功率

若三相电路是对称的,即表明各相的有功功率、无功功率及视在功率均相等,则有:

$$P = 3U_P I_P \cos\varphi_P$$

$$Q = 3U_P I_P \sin\varphi_P$$

$$S = \sqrt{P^2 + Q^2} = 3U_P I_P$$

式中:φ_P——相电压 U_P 与相电流 I_P 之间的相位差。

当对称三相负载作星形连接时,有:

$$I_P = I_L, \quad U_P = \frac{U_L}{\sqrt{3}}$$

当对称三相负载作三角形连接时,有:

$$I_P = \frac{I_L}{\sqrt{3}}, \quad U_P = U_L$$

由此可得,对称三相交流电路的有功功率、无功功率和视在功率分别为:

$$P = \sqrt{3} U_L I_L \cos\varphi_P$$

$$Q = \sqrt{3} U_L I_L \sin\varphi_P$$

$$S = \sqrt{3} U_L I_L$$

此时电路的功率因数为:

$$\lambda = \frac{P}{S} = \cos\varphi_P$$

即负载对称时,三相电路的功率因数就等于一相负载的功率因数。

【例5-6】 已知:一个三相对称负载作星形连接,每相电阻 $R_P = 6\Omega$,每相感抗 $X_P = 8\Omega$,电源线电压 $U_L = 380V$,求相电流 I_P、线电流 I_L、三相功率 P、Q、S。

解:

$$|Z_P| = \sqrt{R_P^2 + X_P^2} = \sqrt{6^2 + 8^2} = 10(\Omega)$$

$$U_P = \frac{U_L}{\sqrt{3}} = \frac{380}{\sqrt{3}} = 220(V)$$

$$I_\mathrm{P} = \frac{U_\mathrm{P}}{|Z_\mathrm{P}|} = \frac{220}{10} = 22(\mathrm{A})$$

$$I_\mathrm{L} = I_\mathrm{P} = 22(\mathrm{A})$$

$$\cos\varphi = \frac{R_\mathrm{P}}{|Z_\mathrm{P}|} = \frac{6}{10} = 0.6$$

$$\sin\varphi = \frac{X_\mathrm{P}}{|Z_\mathrm{P}|} = \frac{8}{10} = 0.8$$

$$P = \sqrt{3}\,U_\mathrm{L}I_\mathrm{L}\cos\varphi = \sqrt{3}\times380\times22\times0.6 = 8.7(\mathrm{kW})$$

$$Q = \sqrt{3}\,U_\mathrm{L}I_\mathrm{L}\sin\varphi = \sqrt{3}\times380\times22\times0.8 = 11.6(\mathrm{kvar})$$

$$S = \sqrt{3}\,U_\mathrm{L}I_\mathrm{L} = \sqrt{3}\times380\times22 = 14.5(\mathrm{kVA})$$

3. 三相有功功率的测量

根据三相电路的不同情况，其有功功率可以采用一表法、两表法或三表法进行测量，如表5-10所示。

一表法、两表法、三表法的适用条件与接线方法 表5-10

项目	适用条件	接线方法	总有功功率
一表法	对称三相四线制电路	具体接线：将功率表的电流线圈串接在电路中的任一相，且其"*"端应接至电源侧；电压线圈的"*"端应分别和该功率表电流线圈所在的端线连接，另一端接至中性线	$P = 3P_1$
两表法	三相三线制电路，无论负载是否对称	具体接线：两块功率表的电流线圈串入任意两根端线，且其"*"端应接至电源侧，电压线圈的"*"端应分别和该功率表电流线圈所在的端线连接，另一端接至不串电流回路的那根端线	$P = P_1 + P_2$
三表法	不对称三相四线制电路	具体接线：三块功率表的电流线圈串入任意端线，且其"*"端应接至电源侧，电压线圈的"*"端应分别和该功率表电流线圈所在的端线连接，另一端接至中性线	$P = P_1 + P_2 + P_3$

注：在使用两表法测量三相三线制电路功率时，有一个功率表的指针可能会在接线正确的情况下反偏，可将该功率表的电流线圈端钮对换，或扳动功率表的极性转换开关，使仪表正偏，但读数取负。在这种情况下，三相电路总功率应为两功率表读数的代数和。

4. 功率表实物

功率表是用于测量电功率的仪表，功率表的读数与功率表的量限选择有直接关系，功率表的量限由电流量限和电压量限来确定。电流量限即仪表电流线圈（定圈）的额定电流，电压量限即仪表电压线圈（动圈）额定电压，功率表的量限等于电流量限和电压量限的乘积。

功率表表盘刻度每一分格所代表的瓦特数称为功率表的分格常数，分格常数：

功率表的测量值可按下式计算，即：

$$P = c\alpha$$

式中：α——功率表指针实际偏转的格数，格。

二、三相三角形电路无功功率的测量

1. 三相电路的无功功率

三相交流电路的无功功率 Q 为：

$$Q = Q_U + Q_V + Q_W = U_U I_U \sin\varphi_U + U_V I_V \sin\varphi_V + U_W I_W \sin\varphi_W$$

式中：U_U、U_V、U_W——各相相电压，V；

I_U、I_V、I_W——各相相电流，A。

三相交流电路的视在功率 S 和功率因数 λ 分别为：

$$S = \sqrt{P^2 + Q^2}$$

$$\lambda = \cos\varphi = \frac{P}{S}$$

2. 对称三相电路的无功功率

若三相电路是对称的，则各相负载的相电压、相电流及阻抗角均相等，即：

$$U_U = U_V = U_W = U_P$$

$$I_U = I_V = I_W = I_P$$

$$\varphi_U = \varphi_V = \varphi_W = \varphi_P$$

则电路的无功功率为：

$$Q = 3U_P I_P \sin\varphi_P$$

式中：φ_P——相电压 U_P 与相电流 I_P 之间的相位差角，(°)。

当对称三相负载作星形连接时，有：

$$I_P = I_L, \quad U_P = \frac{U_L}{\sqrt{3}}$$

当对称三相负载作三角形连接时，有：

$$I_P = \frac{I_L}{\sqrt{3}}, \quad U_P = U_L$$

由此可得，对称三相交流电路的无功功率还可以表示为：

$$Q = \sqrt{3} U_L I_L \sin\varphi_P$$

式中：U_L、I_L——负载的线电压和线电流，V、A；

φ_P——相电压与相电流之间的相位差角，(°)。

此时电路的视在功率和功率因数分别为：

$$S = \sqrt{P^2 + Q^2} = 3U_P I_P = \sqrt{3} U_L I_L$$

$$\lambda = \frac{P}{S} = \cos\varphi_P$$

即负载对称时，三相电路的功率因数就等于一相负载的功率因数。

3. 三相电路无功功率的测量

（1）三表跨相法（三表法）。

具体接线：将功率表的电流回路串入一相电路，电压回路的"＊"端接在按正序的下一相上，另一端接在再下一相上。电路接线如图5-26所示。

此时电路总无功功率为：

$$Q = \frac{1}{\sqrt{3}}(W_1 + W_2 + W_3)$$

$W_1 + W_2 + W_3$ 是三块功率表读数的代数和，单位为 var；若负载是三角形连接，可将它化为等效的星形负载，仍可使用；若三相电路完全对称，则三块功率表的读数相等，可用一块功率表测量，而三相无功功率为一块表读数的 $\sqrt{3}$ 倍，这就是"一表跨相法"，即一表法；如电路是三相四线制，则三块功率表的读数和仍是三相无功功率的0.577倍，仍可适用。

适用范围：用在电源电压对称而负载不对称的三相三线及三相四线制电路，也可用在电源电压和负载完全对称的三相电路。

（2）两表跨相法（两表法）。

适用范围：只能用在电源电压和负载都对称的三相三线制电路。电路接线如图5-27所示，此时电路总无功功率为：

$$Q = \frac{\sqrt{3}}{2}(W_1 + W_2)$$

式中：$W_1 + W_2$——两块功率表读数的代数和，var。

【例5-7】 已知：一个三相对称负载作星形连接，每相电阻 $R_P = 6\Omega$，每相感抗 $X_P = 8\Omega$，电源线电压 $U_L = 380V$，求相电流 I_P，线电流 I_L，三相功率 P、Q、S。

解：$Z_P = \sqrt{R_P^2 + X_P^2} = \sqrt{6^2 + 8^2} = 10(\Omega)$

$$U_P = \frac{U_L}{\sqrt{3}} = \frac{380}{\sqrt{3}} = 220(V)$$

则：

$$I_P = \frac{U_P}{Z_P} = \frac{220}{10} = 22(A)$$

$$I_L = I_P = 22(A)$$

又因为：

$$\cos\varphi = \frac{R_P}{Z_P} = \frac{6}{10} = 0.6$$

$$\sin\varphi = \frac{X_P}{Z_P} = \frac{8}{10} = 0.8$$

所以：

$$P = \sqrt{3}U_L I_L \cos\varphi = \sqrt{3} \times 380 \times 22 \times 0.6 = 8.7(kW)$$

$$Q = \sqrt{3}U_L I_L \sin\varphi = \sqrt{3} \times 380 \times 22 \times 0.8 = 11.6(kvar)$$

$$S = \sqrt{3}U_L I_L = \sqrt{3} \times 380 \times 22 = 14.5(kVA)$$

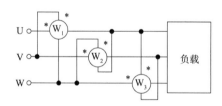

图5-26 三表跨相法图

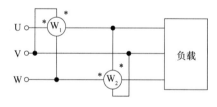

图5-27 两表跨相法

笔记区

5.2.5 任务实施

技能训练 5-2　三相电路功率与电能测量

班级		姓名		日期	
同组人					

⚛ 工作准备

▶ 谈一谈

日常生活中常用的电源有哪些？

图 5-28　功率表外观

▶ 认一认

图 5-28 中的仪表是用于测量电路_____。

▶ 写一写

1. 功率表分格常数的计算公式为：_____。
2. 正弦交流电路功率的计算公式：有功功率_____，无功功率_____，视在功率_____。
3. 三相交流电路功率的计算公式：有功功率_____，无功功率_____，视在功率_____。

▶ 算一算

功率表测量某负载的有功功率，测量时选用电流量限为 2.5A，电压量限为 300V，功率表指针偏转 10 格，指针满偏时刻度格数为 150 格，则负载的功率是_____。

📊 实施步骤

1. 有功功率测量方法。

一表法适用于_____，$P=$_____。
两表法适用于_____，$P=$_____。
三表法适用于_____，$P=$_____。

2. 有功功率测量。

(1) 用两表法测量总有功功率：功率表接线如图 5-29 所示，将各表的读数填入表 5-11 中，并利用公式 $P=P_1+P_2$ 计算出总有功功率。

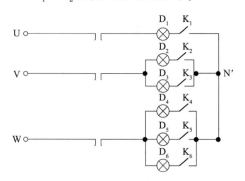

图 5-29　不对称三相三线制电路

三相电路有功功率的测量

表5-11

测量法	读数			
	P_1	P_2	P_3	P
两表法			—	
三表法				

（2）用三表法测量总有功功率：功率表接线如图5-30所示，将各表的读数填入表中，并利用公式 $P = P_1 + P_2 + P_3$ 计算出总有功功率。

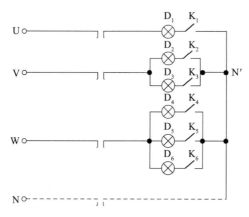

图5-30　不对称三相四线制电路

3. 解题计算。

已知：一个三相对称负载作星形连接，每相电阻 $R_P = 8\Omega$，每相感抗 $X_P = 6\Omega$，电源线电压 $U_L = 380V$，求相电流 I_P，线电流 I_L，三相有功功率 P。

在下面写出计算过程。

4. 无功功率测量方法。

三表跨相法（图5-31）适用于＿＿＿＿＿＿＿＿＿＿＿＿＿＿＿＿，$Q =$ ＿＿＿＿＿＿。

两表跨相法（图5-32）适用于＿＿＿＿＿＿＿＿＿＿＿＿＿＿＿＿，$Q =$ ＿＿＿＿＿＿。

图5-31　三表跨相法　　　　　图5-32　两表跨相法

5. 无功功率测量。

用三表跨相法测量三相负载的无功功率，功率表的接线如图5-33所示，C 为 $4\mu F$ 电容。测量时，单相功率表的电流线圈接插塞，通过插塞与插孔的配套使用将电流线圈串联到相应的相线上；电压线圈接表笔，且利用表笔将电压线圈跨接到电路的其余两相上，其"＊"端要接到按正相序的前一相上，另一端接在后一相上。

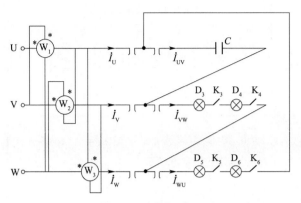

图 5-33 不对称三相负载

记录功率表的读数 W_1、W_2、W_3,利用公式 $Q = \dfrac{1}{\sqrt{3}}(W_1 + W_2 + W_3)$ 计算电路的无功功率 Q_1,将上述结果填入表 5-12 中。

通过公式 $Q = \dfrac{U_C^2}{X_C} = \omega C U_C^2$ 计算 Q_2,将计算值填入表 5-12 中,并进行对比。

三相电路无功功率的测量　　　　　　　　　　　　　　表 5-12

测量法	读数				
	W_1	W_2	W_3	Q	Q_2
三表跨相法					

6. 解题计算。

已知:一个三相对称负载作星形连接,每相电阻 $R_P = 8\Omega$,每相感抗 $X_P = 6\Omega$,电源线电压 $U_L = 380V$,求三相无功功率 Q、视在功率 S。

在下面写出计算过程。

5.2.6 学习评价

任务 5.2 学习评价表如表 5-13 所示。

任务 5.2 学习评价表　　　　　　　　　　　　　　表 5-13

序号	项目		评价要点	分值(分)	得分
1	三相电路的功率与电能测量	有功功率测量	会计算 Y 形连接三相电路的功率	15	
			能测量三相电路的有功功率	20	
		无功功率测量	会计算三角形连接三相电路的功率	15	
			能测量三相电路的无功功率	25	
2	安全、规范操作		操作安全、规范	10	
			表格填写工整	5	
3	5S 现场管理		工作台面整洁干净	5	
			工具仪表归位放置	5	
	总分			100	

班级_____ 姓名_____ 学号_____ 日期_____

任务 5.3 不对称三相电路认知

5.3.1 任务描述

本任务通过三相不对称电路分析与测量,掌握不对称三相电路的电压电流关系,了解不对称三相电路故障状态下的电压、电流大小以及所呈现的现象。利用各物理量间的关系进行简单不对称三相交流电路的计算。

5.3.2 任务目标

▶ 知识目标

1. 理解不对称三相电路的概念。
2. 理解中性点电压和中性线电流的概念。
3. 理解不对称三相四线制电路的特点。
4. 理解中性线的作用及对中性线的要求。
5. 了解不对称三相电路故障状态现象。

▶ 能力目标

1. 会识读不对称三相电路结构图。
2. 会依据电路图正确连接测量线路。
3. 会正确选用交流仪表。
4. 会正确调试电路,测量数据。
5. 会根据实验数据得出结论。
6. 会计算不对称三相电路的线电压、相电压、线电流和相电流。

▶ 素质目标

1. 培养严谨、细致的工作态度。
2. 养成遵守劳动纪律,安全操作的意识。
3. 培养爱岗敬业、热情主动的工作态度。
4. 养成工作整洁、有序、爱护仪器设备的良好习惯,培养5S意识。

5.3.3 学习场地、设备与材料、课时数建议

学习场地

多媒体教室及实训室。

设备与材料

主要设备与材料如表 5-14 所示。

主要设备与材料　　表 5-14

示意图			
名称	交流电流表	交流电压表	电灯泡

课时数

2课时。

5.3.4 知识储备

一、不对称三相电路

在三相电路中,只要有一部分不对称,如出现电源不对称,或电路参数(负载)不对称就称为不对称三相电路。一般来讲,三相电源及线路是对称的,主要是负载不对称引起的不对称电路状态。如日常照明线路的用电不均匀,在电路发生故障(如某相电源端或负载端发生短路或断路)时,也会使三相负载不对称。

二、照明线路中的不对称三相电路——三相负载的 Y_0 形连接

1. 电路图

将三相负载的首端分别接在三根端线上,末端接在中性线上,这种接线方式称为负载的有中性线的星形连接,用 Y_0 表示。图5-34a)为负载作 Y_0 连接时的原理图,图5-34b)为负载作 Y_0 连接时的实际电路。

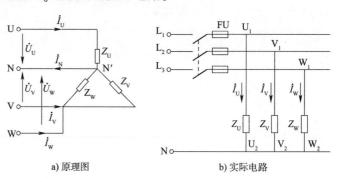

图5-34 三相负载的星形连接

2. 三相四线制供电系统特点

(1)能提供两组供电电压,即相电压和线电压,三个相电压和三个线电压均为对称三相电压。

(2)线电压的有效值等于相电压有效值的 $\sqrt{3}$ 倍,$U_L = \sqrt{3} U_P$。

(3)各线电压在相位上超前相应的相电压30°相位,即 $\dot{U}_{UV}$ 超前 $\dot{U}_U$ 30°相位,$\dot{U}_{VW}$ 超前 $\dot{U}_V$ 30°相位,$\dot{U}_{WU}$ 超前 $\dot{U}_W$ 30°相位。通常在三相四线制低压配电系统中,电源的相电压为220V,线电压为380V。

(4)在三相四线制中,当负载作星形连接时,各相负载所承受的电压为对称的电源相电压,线电流等于相电流,即 $I_L = I_P$。

3. Y_0 连接不对称三相电路的特点

三相电路是由三相电源和三相负载组成的电路,在设计安装时,人们尽可能地把负载均匀分布在各相电路中,但在使用时,各相负载不可能同时开启或关闭,所以经常会出现各相负载不对称的情况。如图5-35所示。当开关 K_1 至 K_6 都闭合时为三相四线制不对称电路,当每相闭合一盏灯时为三相四线制对称电路。

如图5-35b)所示,假定中性线阻抗为零,则电源中性点与负载中性点间的电压为零,因此,每相负载上的电压一定等于该相电源电压,各相负载电压与各相负载阻抗大小无关。由此可见,在中性线及线路阻抗为零的三相四线制电路中,当三相电源电压对称时,即使三相负载不对称,三相负载上的电压依然是对称的,但由于三相负载阻抗不等,所以三相电流将是不对称的,三相电流分别为:

$$I_U = \frac{U'_U}{|Z_U|} = \frac{U_U}{|Z_U|}$$

$$I_V = \frac{U'_V}{|Z_V|} = \frac{U_V}{|Z_V|}$$

$$I_W = \frac{U'_W}{|Z_W|} = \frac{U_W}{|Z_W|}$$

中性线电流为：

$$i_N = i_U + i_V + i_W \neq 0$$

所以，在不对称的三相四线制电路中，中性线电流一般不等于零。这表明中性线具有传导三相系统中的不平衡电流或单相电流的作用。

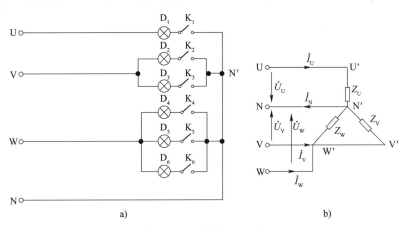

图 5-35 Y_0 连接的三相电路

总结：

(1) 由于电源电压对称，负载不对称，所以各相电流(线电流)也是不对称的。

(2) 因有中性线 N，迫使各相负载承受对称相电压。

(3) 中性线 N 中有电流。

(4) 在三相四线制电路中，各相电流(线电流)及负载端的电压，只跟本相的负载及电源有关，而与其他相无关。各相负载变化时，对其他相的相电流和相电压无任何影响。

三相四线制电路中，无论负载是否对称，在中性线 N 的作用下，每相负载都承受对应相电源的相电压 220V，所以各盏灯在额定电压下的亮度是相同的。一旦中性线断开，不对称的各相负载电压就会发生变化，有的相电压超过 220V，灯泡变亮，该相的用电设备超过额定电压，甚至烧毁；有的相电压不足 220V，灯泡变暗，该相的用电设备甚至不能正常工作。所以三相四线制电路中，中性线不能断开，不允许安装熔断器、开关等电气元件，并且要有足够的机械强度。

三、故障状态的不对称三相电路

1. 对称的 Y/Y 连接电路中一相负载短路

对称的 Y/Y 连接的电路中，假定 U 相负载短路，其电路图如图 5-36 所示。此时 U′点与 N′点等电势位，U 相负载电压为零，负载中性点与电源中性点之间的电压等于 U 相电源的电压，即：

$$U'_U = 0$$

$$U'_{N'N} = U_U = U_p$$

这时 V 相负载相当于直接接在 V、U 两端线上，W 相负载相当于直接接在 W、U 两端线上，因此，V、W 两相负载的电压分别为：

$$U'_V = U_{UV} = \sqrt{3} U_p$$

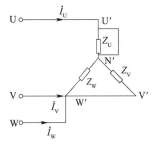

图 5-36 对称的 Y/Y 连接电路中一相负载短路

$$U'_W = U_{WU} = \sqrt{3}U_p$$

根据欧姆定律,可求得 V、W 两相负载的相电流(线电流)为:

$$I_V = \frac{U_{UV}}{|Z|} = \sqrt{3}\frac{U_p}{|Z|}$$

$$I_W = \frac{U_{WU}}{|Z|} = \sqrt{3}\frac{U_p}{|Z|}$$

根据基尔霍夫电流定律,可求得 U 相的线电流等于:

$$i_U = -(i_V + i_W)$$

利用相量图可求得 U 相的线电流的有效值为

$$I_U = 3\frac{U_p}{|Z|}$$

因此,在电源电压(指有效值)恒定,且不计线路阻抗的情况下,在负载星形连接的对称三相三线制电路中,一相负载短路:

(1)短路相的负载电压为零,其线电流增至原来的 3 倍。

(2)其他两相负载上的电压和电流均增至原来的 $\sqrt{3}$ 倍。

此时线路出现过热,负载不能正常工作。因此可以加入中性线,保证其他两相不受一相短路的影响。

2. 对称 Y/Y 连接电路中一相断路

对称 Y/Y 连接的三相电路中,假定 U 相负载发生断路,其电路如图 5-37 所示。U 相负载断路后 $i_U = 0$,这时 V、W 两相电源与 V、W 两相负载串联,构成一个独立的闭合回路,V、W 两相负载上的总电压等于电源的线电压 U_{VW},由于

V、W 两相负载的阻抗相等,在所选定的参考方向下,V、W 两相负载电压为:

$$U'_V = \frac{1}{2}U_{VW} = \frac{\sqrt{3}}{2}U_P$$

$$U'_W = \frac{1}{2}U_{VW} = \frac{\sqrt{3}}{2}U_P$$

利用基尔霍夫电压定律,可求得负载中性点与电源中性点之间的电压及 U 相断路处的电压为:

$$u_{N'N} = u_V - u'_V$$

$$u'_U = u_U - u_{N'N}$$

负载电压的相量图有:

$$U_{N'N} = \frac{1}{2}U_U = \frac{1}{2}U_P$$

$$U'_U = \frac{2}{3}U_U = \frac{3}{2}U_P$$

根据欧姆定律,可求得 V、W 两相电流为:

$$I_V = \frac{1}{2}\frac{U_{VW}}{|Z|} = \frac{\sqrt{3}}{2}\frac{U_p}{|Z|}$$

$$I_W = \frac{1}{2}\frac{U_{VW}}{|Z|} = \frac{\sqrt{3}}{2}\frac{U_p}{|Z|}$$

所以,在电源电压有效值恒定、线路阻抗不计的情况下,Y/Y 连接对称三相电路,一相断路时,其:

(1)断路相电流等于零,负载电压为零,断路处电压为原来相电压的 3/2 倍;

(2)其他两相负载上的电压和电流均减小到原来的 $\frac{\sqrt{3}}{2}$ 倍。

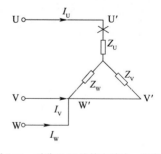

图 5-37 对称 Y/Y 连接电路中一相断路

笔记区

5.3.5 任务实施

技能训练 5-3　不对称三相电路的分析与测量

班级		姓名		日期	
同组人					

⚛ 工作准备

▶ 谈一谈

什么是不对称三相负载？每相的阻抗一致能否确定就是对称负载？

▶ 写一写

1. 线路的有效值等于相电压有效值的_____倍。

2. 在三相四线制电路中,无论负载是否对称,在中性线 N 的作用下,每相负载都承受对应相电源的相电压 220V,所以_____。

▶ 记一记

1. Y_0 连接不对称三相电路的特点:

2. 中性线的作用及要求:

📊 实施步骤

▶ 测一测

1. 识读并连接如图 5-38 所示电路。

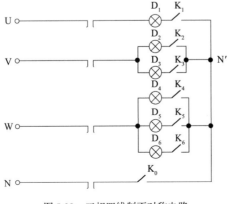

图 5-38　三相四线制不对称电路

观察当开关全部闭合时,电路为三相四线制不对称电路,三相负载不对称。每盏灯的亮度_____(相同/不同)。

2. 使用交流电压表和交流电流表对图 5-38 电路进行测量,把结果填到表 5-15 中。

三相不对称电路的测量　　　　　　　　　　　　表 5-15

电路	三相四线制不对称电路	三相三线制不对称电路
	中性线闭合	中性线断开
$U_{UV}(V)$		
$U_{VW}(V)$		
$U_{WU}(V)$		
$U_U(V)$		
$U_V(V)$		
$U_W(V)$		
$I_U(mA)$		
$I_V(mA)$		
$I_W(mA)$		
$I_N(mA)$		0
$U_{N'N}(V)$	0	

(1) 有中性线 N 时(K_0 闭合),电路为三相四线制不对称电路,测量电路的线电压、相电压、线电流、中性线电流和两中性点电压。

(2) 无中性线 N 时(K_0 断开),电路为三相三线制不对称电路,测量电路的线电压、相电压、线电流、中性线电流和两中性点电压。

从灯泡的亮度可知,中性线断开后,负荷大的一相电压变_____(大/小)。

5.3.6 学习评价

任务 5.3 学习评价表如表 5-16 所示。

任务 5.3 学习评价表　　　　　　　　　　　表 5-16

序号	项目		评价要点	分值(分)	得分
1	不对称三相电路的分析与测量	不对称三相电路的连接	识读电路图正确	5	
			电路接线正确	5	
		分析不对称三相电路的电压电流关系,中性线的作用	电压与电路阻抗无关	5	
			中性相电流不为零	5	
			中性线的作用	5	
		不对称三相电路的电压电流的测量	正确选择、使用仪表	10	
			正确使用仪表测量	20	
			依据测量结果,进行正确总结	20	
2	安全、规范操作		操作安全、规范	10	
			表格填写工整	5	
3	5S 现场管理		工作台面整洁干净	5	
			工具仪表归位放置	5	
总分				100	

低压电工证考试训练题

一、判断题（正确画√,错误画×）

1. 相序是指三相交流电最大值先后到达的顺序。（　　）
2. 三相电路中,相电压就是相与相之间的电压。（　　）
3. 三相负载三角形连接时,线电流是指电源相线上的电流。（　　）
4. 三相负载星形连接时,无论负载是否对称,线电流必定等于相电流。（　　）
5. 三相交流电路功率的表达式可用于所有三相电路有功功率的计算。（　　）

二、单选题

1. 对称三相交流电路有功功率的表达式 $P=3UI\cos\varphi$ 中的电压和电流是（　　）。
   A. 线电压和线电流　　　　　　　　B. 线电压和相电流
   C. 相电压和线电流　　　　　　　　D. 相电压和相电流
2. 接在三相电源上的星形接法的对称三相负载,其线电压为相电压的（　　）倍。
   A. $\sqrt{3}$　　　　B. $\sqrt{2}$　　　　C. 1　　　　D. $1/\sqrt{3}$
3. 三相不对称负载的中性线断开后,负载最大一相的相电压将会（　　）。
   A. 升高　　　　B. 降低　　　　C. 不变　　　　D. 为零

参考文献

[1] 乔剑铎.电工技术基础与技能训练[M].北京:机械工业出版社,2017.
[2] 王兆义.电工技术基础与技能[M].2版.北京:机械工业出版社,2016.
[3] 苏永昌.电工技术基础与技能:电气电力类[M].北京:高等教育出版社,2020.
[4] 周绍敏.电工技术基础与技能[M].2版.北京:高等教育出版社,2014.
[5] 杨从美.电工技术基础与技能[M].北京:中央民族大学出版社,2017.
[6] 阎伟.电工技术轻松入门[M].北京:人民邮电出版社,2009.
[7] 人力资源社会保障部教材办公室.安全用电[M].6版.北京:中国劳动社会保障出版社,2020.